数字绘画
技法丛书

Painter

绘画技法从入门到精通

唐杰晓　杨奥　徐磊　著

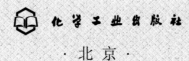

化学工业出版社

·北京·

本书为Painter软件绘画教程，作者总结多年教学经验，针对初学时的难点、重点进行编写、绘制。全书从数字绘画的基础知识出发，通过理论讲解和案例绘制，由浅入深、循序渐进地介绍了数字绘画软件的特点，Painter的优势及主要工具，静物、场景、人物、综合等相关案例绘制等。全书共5章，其中，Painter数字绘画概述，对数字绘画软件进行了比较，并阐述了Painter软件的特点和主要工具等；Painter静物绘制，通过不同静物的绘制，表现Painter的使用方法、使用技巧和绘画思路等；Painter场景绘制，通过自然场景和生活场景的绘制，表现使用Painter绘制场景的常用方法和处理技巧等；Painter人物绘制，表现使用Painter绘制人物头部、形体、姿态、服饰及道具等的方法和技巧等；Painter综合案例绘制，以实际的案例创作展示Painter软件对画面的构图、透视、光影、质感等方面的处理和表现等。书中通过详细分析各步骤的绘制重点和不同阶段的学习难点，使读者在由易到难的过程中逐渐掌握技术，最终实现从手绘向数字绘画的无缝转接。本书附有教学视频，案例源文件，方便读者快速掌握软件使用、直观学习绘画技能。

　　本书可作为高等院校美术、动画、数字媒体等相关专业教材，亦适用于具有一定美术基础、对数字插画有浓厚兴趣的自学者、电脑绘画职业培训和社会培训机构师生、动漫设计从业者等作为案头常备参考资料。

图书在版编目（CIP）数据

Painter绘画技法从入门到精通/唐杰晓，杨奥，徐磊著．—北京：化学工业出版社，2018.11（2025.3重印）
（数字绘画技法丛书）
ISBN 978-7-122-32893-9

Ⅰ．①P…　Ⅱ．①唐…②杨…③徐…　Ⅲ．①图象处理软件　Ⅳ．①TP391.413

中国版本图书馆CIP数据核字（2018）第194233号

责任编辑：张　阳　　　　　　　　　　装帧设计：王晓宇
责任校对：王　静

出版发行：化学工业出版社（北京市东城区青年湖南街13号　邮政编码100011）
印　　装：北京瑞禾彩色印刷有限公司
787mm×1092mm　1/16　印张9¾　字数230千字　2025年3月北京第1版第6次印刷

购书咨询：010-64518888　　　　　　　　售后服务：010-64518899
网　　址：http://www.cip.com.cn
凡购买本书，如有缺损质量问题，本社销售中心负责调换。

定　　价：69.80元

Preface
前言

随着科技的进步，个人电脑已深入日常生活，计算机辅助设计也在不断发展，这使得很多艺术形式趋向于计算机数字化，在绘画领域尤其如此。数字绘画主要是以计算机为创作平台，运用相关的电脑软件和数字工具进行绘画的艺术形式。数字绘画通过电脑和网络以便捷、迅速的方式传输和流通，且易于修改、不会老化和破损，这些崭新的特性使得数字绘画更加适用于当今的"数字时代"。数字绘画诞生以来的短短几十年内，发展速度迅猛、潜力巨大，除了与它具有快捷、便利等优点相关之外，与数字绘画工具的不断更新和进步也有极大关系。数字绘画工具种类很多，总体上分为硬件与软件两大类，硬件类比如电脑、扫描仪、数位板和压感笔；软件类比如Painter、Photoshop等。

本书通过理论讲解和案例制作，由浅入深、循序渐进地讲解使用Painter软件进行数字绘画的方法和技巧等。Painter软件是Corel公司提供给业界的一款功能强大的绘画软件，专门为渴望追求创意自由及需要数字工具进行仿真传统绘画的数字艺术家、插画家及动漫游戏行业人员而开发。Painter能通过数字手段再现传统绘画艺术效果，为设计师提供了用新的媒介与技法来表达自己创意的机会。Painter不同于Photoshop等图像处理软件，它最大的优势在于提供徒手绘画的能力，Painter中包含有上百种艺术笔刷、丰富多样的特殊效果、画家最熟悉的纸张纹理等。用户可以非常轻松地使用Painter绘制出逼真的油画、水彩画、卡通画，甚至中国传统的水墨或工笔画。只要用户能灵活地运用Painter中的各种笔刷和功能，再配合压感笔和数位板等工具，就可以任由自己的思绪驰骋，任何天马行空的创意与构思都可以很好地呈现在电脑屏幕上。

本书图文并茂、通俗易懂，能够帮助读者找准学习方向，快速掌握学习方法，提高学习效率，提升思维能力、表现力和创造力。在内容编写方面，力求细致全面、突出重点；在文字叙述方面，坚持言简意赅、通俗易懂；在案例制作方面，强调针对性和实用性。书中的案例步骤尽量详细，数据务求精确，也是为了满足初学数字绘画者之需，本书附有教学视频、案例源文件，请您扫二维码或登录化学工业出版社官方网站 http://cip.com.cn/观看或免费下载使用。

本书由唐杰晓、杨奥、徐磊著。在成书的过程中，得到了武汉创宇极网络科技有限公司总监戴侠，武汉滚石动画公司总经理胡江波、项目总监陈杰，镇江市高等专科学校教师张谦，以及程兆祖、朱芷颖、姜春玲、兰凤凤、赵敏、吴静、王响、陶佳燕、徐敏、王时晟、吴菁华、王娟娟、曹雪茹、吴丹、徐珊珊、姜春玲、刘嘉泰、陈成、刘礼雄、王状等人的大力帮助和支持，在此深表感谢！由于著者水平有限，书中难免有疏漏之处，恳请广大读者批评、指正，也欢迎各位与我们进行关于数字绘画学习、创作方面的交流（邮箱:1353925651@qq.com）。

著　者

从入门到精通
绘画技法
Painter

CONTENTS

目录

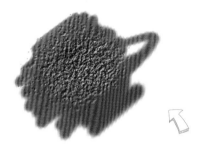

第5章　Painter综合案例绘制 —— /131

参考文献 —— /148

第1章

Painter数字绘画概述

　　本章主要介绍数字绘画的定义、特点及几种主流数字绘画软件，并对Painter 2018的特点、优势与应用领域，以及软件界面、菜单内容、具有特色的笔刷工具和色彩工具等进行介绍，使初学者能够熟悉数字绘画的范畴和特点，对Painter 2018软件的基本使用方法和特色工具等有一定了解。

　　"数字绘画"这一艺术形式的普及源自于计算机数字技术的进步和推广。其自出现伊始的短短几十年间，就受到艺术创作者们的青睐和追捧。数字绘画的便捷、高效等特点，对艺术创作领域产生一系列的深刻变革和影响，使得艺术创作者能更加自由地表达创意和想法，也成为艺术领域的发展主流（图1-1、图1-2）。

图1-1　场景绘画

图1-2　人物绘画

艺术创作的"数字化"开辟了人类艺术的新领域，是现代科学技术与传统绘画理念的结合。它不但为创作者进行提供了更为宽广的表现空间、更丰富的表现形式，也提供了进行艺术语言探索及实践的灵活性和可能性。随着数字创作平台和软硬件的不断更新，数字绘画的发展空间和影响力会越来越大，无论是个体创作者还是艺术领域的公司、企业等，都要认识到它的发展趋势，这样才能走在行业发展的前沿。

数字绘画主要有以下几个方面的特点。

① 便捷性强。数字绘画的平台及软硬件技术能带给创作者极大的方便和快捷。计算机平台、鼠标或者手绘笔等的一系列操作，代替了传统的画笔、画纸、画架等，实现了"无纸化"创作；且各种绘画软件都能提供快速、高效的绘制工具和良好的画面效果，从而帮助创作者出色地完成绘画创作（图1-3）。

② 效果突出。数字绘画软件种类多样且功能强大，可以模拟素描、油画、水彩等多种绘制效果。同时，使用软件强大的效果工具和画面设置等，可以随心随意地获得纹理、变形、模糊等艺术效果，还可以感受其丰富的图形、色彩变化等，为创作的不断探索和尝试提供可能。

③ 存储、修改方便。数字绘画作品的存储载体和存储形式灵活多样，可以存储在U盘、硬盘上，也可以刻成光盘等。作品能存储为多种格式，可以运用到不同的领域和行业。同时，易于在不同的绘画或设计软件中进行加工处理，这就拓展了其应用领域。

④ 传播形式新颖。创作者可以利用互联网，足不出户便将包含自己思想情感的作品展现在网络中，人们可以随时随地地欣赏和观看，极大地拓展了传播效率和影响力。

图1-3　Painter绘画界面

需要指出的是，从本质来说，数字绘画的形成及发展可以看作是传统绘画艺术的拓展和延伸。数字绘制创作者必须以传统绘画为根基，从传统绘画中吸取足够的养料，掌握传统绘画的精髓和内涵，从而以"数字化"的形式表现绘画作品的审美特征和创作情感。脱离了传统绘画的"数字绘画"将失去基础和核心，成为"无根之树"，不能长久存在。数字化平台只是取代创作者手中的工具，却无法代替创作者的创作思想和灵感，真正的艺术创造是取决于人的。因此，在进行艺术创作时，要正确地认识数字平台、绘画软件与艺术创作的关系。

1.1 主流数字绘画软件特征比较

目前，市面上数字绘画使用的软件种类很多，也各有特点，如Painter、Photoshop、SAI等。软件种类的多样性使得初学者很容易无从选择。就目前的设计领域工作特点而言，单纯地掌握一个软件是不够的。在工作中往往需要多个软件的配合使用才能实现最快的效率、达到最好的效果，而妄图掌握所有软件也是一种不切实际的想法，因为凭借创作者个人的精力是难以实现的。学习什么样的软件主要取决于未来职业发展方向和发展规划的需要，很多软件在界面、工具、功能等具有很大的共通性，在熟练掌握一个软件之后，对其他软件的学习也有很大帮助。更为重要的是，市面上很多软件在功能上具有很大的相似性，因此创作者与其求多，不如求精。

下面介绍一下数字绘画领域中最为常用的三个软件：Painter、Photoshop和SAI。

1.1.1 Painter

图1-4　Painter 2018启动界面

Painter全称为Corel Painter，是加拿大著名的Corel公司开发的专门针对图形图像处理的专业软件（图1-4），也是基于像素图像处理的软件。Painter拥有全面和逼真的仿自然画笔，是一款极其优秀的仿自然绘画软件，也是数字创作与绘画工具的终极选择。可以说，Painter是专门为渴望追求自由创意、需要数字工具来仿真传统绘画的数字艺术家、插画家及摄影师而开发的。

Painter意为"画家"，它包含上百种笔刷工具，这是其他软件难以企及的，它自带的多种笔刷可以重新定义样式、流量、压感以及纸张的渗透效果等。此外，Painter软件中的滤镜主要针对纹理与光照，采用了一种仿自然媒体技术，可以使作品达到一种特殊的大写意效果。

除此之外，Painter在影像编辑、特技制作和二维动画方面也有突出的表现。对于专业设计师、美编、摄影师、动画及多媒体制作人员和一般电脑美术爱好者，Painter软件都是一个非常理想的图像编辑和绘画工具。

1.1.2 Photoshop

Photoshop简称"PS"，是美国Adobe公司旗下最为出名的图像处理软件系列之一（图1-5）。Photoshop软件主要处理由像素构成的数字图像，软件拥有众多的编辑、修改及绘图工

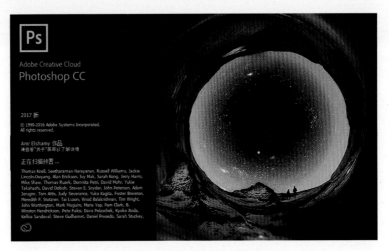

图1-5　Adobe Photoshop 启动界面

具，可以快速有效地进行图片编辑工作。

2003年，Adobe Photoshop 8被更名为Adobe Photoshop CS。2013年7月，Adobe 公司推出了新版本的Photoshop CC。自此，Photoshop CS6作为Adobe CS系列的最后一 个版本被新的CC系列取代。

Adobe支持Windows、Mac OS操作系统，Linux操作系统用户可以通过使用Wine来运 行Photoshop。Photoshop出色的图形图像处理功能使其在图像、图形、文字、视频、出版 等各方面都有涉及，深受广大平面设计人员和电脑美术爱好者的喜爱。

1.1.3　SAI

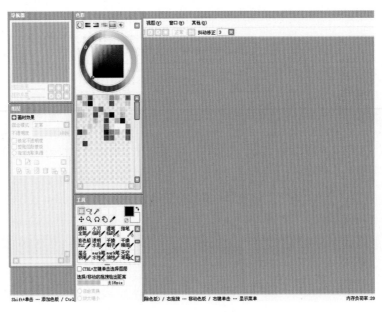

图1-6　SAI启动界面

　　SAI是Easy Paint Tool SAI的简称，由SYSTEAMAX开发。2008年2月，Easy Paint Tool SAI Ver.1.0.0正式版发行。在此之前，SAI软件是作为自由软件试用的形式对外发布的。与其他同类软件不同的是，该软件极具人性化，其追求的是与数位板极好的兼容性、绘图的美感、简便的操作以及为用户提供一个轻松绘图的平台（图1-6）。

　　SAI软件相当小巧，而且免安装，画板可以任意旋转、翻转，画布缩放时反锯齿，同时具有强大的墨线功能。由于功能限制和其他原因，SAI软件虽然逐渐流行但普及性并不是很高，这并不妨碍它成为一款优秀易用的电脑绘画软件。

1.2　Painter 绘画的特点及优势

　　目前，国内数字绘画创作者对Painter的认识和使用不及Photoshop，这是由于Painter对其使用人群的专业要求相对较高，要求软件使用者具有一定的绘画功底和设计基础（图1-7）。此外，软件中的笔刷工具能够模仿现实中不同物体的材质和肌理效果，这也需要使用者对客观事物有一定的认知、理解，能给予合理的表现。

图1-7　头像绘制

　　绘画的过程是使用不同种类的材料在媒介上描绘空间效果的过程。Painter的出现改变了以往的绘画形式和习惯，以"数字绘画"替代了传统绘画模式，实现这一转变的正是Painter中丰富的笔刷。使用者可以根据使用习惯和喜好对画笔大小、深浅程度、干湿程度和薄厚程度等进行调节。需要说明的是，在使用Painter绘画的过程中产生的不同色彩叠加效果，如同真实画材一样通透（图1-8、图1-9），这是该软件笔刷工具的特色。

　　如今，在行业内数字绘画软件很多，而且在一些使用方法和功能上较为类似，相对而言，Painter软件则更适合于有一定美术基础的使用者进行数字绘画创作，包括从事动漫、游戏行业的原画设计师，媒体广告设计行业的商业插画师，概念设计的CG艺术家、摄影师以及使用软件进行绘画创作的画家等。当然，除了专业人群外，一些没有专业基础的美术爱好者也可以利用Painter的绘画和图片处理功能来对艺术作品进行整理和修改。

图1-8　睡梦

图1-9　拯救

1.3　Painter 软件界面和主要工具

　　Painter作为一款极其优秀的数字绘画软件，目前的最新版本是2018版，软件操作界面如图1-10所示。

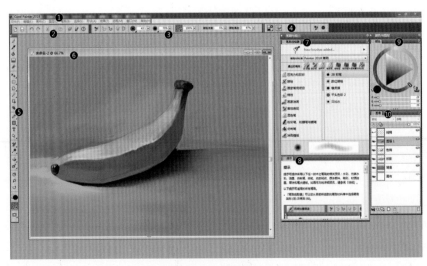

图1-10　软件界面

①菜单栏：菜单栏的下拉选项中包含了软件中的所有工具和命令。

②指令栏：包括常用的保存、撤销、重做等操作指令。

③属性栏：显示使用中的工具或物件相关的基本指令。

④ 拓展属性栏：显示使用中的工具或笔刷的相关指令。

⑤ 工具箱：包括建立、填充、修改等最常用的工具命令。

⑥ 画布：显示绘制图像的效果，其大小由画布尺寸决定。

⑦ 笔刷选择器：包含了各种笔刷选择库、笔刷变体等。

⑧ 提示栏：提供笔刷的使用方法和技巧等。

⑨ 颜色面板：提供绘画时所用的主颜色及副颜色等。

⑩ 图层面板：提供图层管理的工具，包括建立、选取、隐藏、删除等控制选项。

1.3.1 菜单栏

Painter 2018 的菜单栏中包括文件、编辑、画布、图层、笔刷、选择、形状、效果、动画、窗口和帮助 11 个命令（图 1-11）。

图1-11 菜单栏

（1）文件菜单

Painter 2018 的菜单栏中，第一个工具菜单就是"文件菜单"（图 1-12）。通过鼠标单击"文件"图标会弹出文件菜单的子菜单栏。文件菜单包括新建项目、打开、打开模板、仿制、保存、另存为、导入和导出等主要命令。

（2）编辑菜单

编辑菜单是在图像进行编辑过程中使用频率最高的菜单命令，编辑菜单中包括了多种可对图片进行编辑的命令操作，如图 1-13 所示。

（3）画布菜单

画布可以被理解为绘画时的画纸。画布菜单下的命令大多是针对图像的构图、尺寸、像素、旋转等图像规格的调整和设置，如图 1-14 所示。

（4）图层菜单

图层菜单包括添加图层、复制图层、移动图层、创建图层遮罩等多种功能（图 1-15）。

（5）笔刷菜单

笔刷菜单中的命令可用于调节画笔工具的参数，使用者可以在该菜单中设置笔刷变量，将设置的笔刷进行储存，如图 1-16 所示。

（6）选择菜单

选择菜单中的命令需要被编辑对象在选中的状态下才可以执行，不在选取范围内的图像信息是不会被编辑的，如图 1-17 所示。

（7）形状菜单

在形状菜单中，可以实现对矢量图形的编辑，如图 1-18 所示。

文件(F) 编辑(E) 画布(C) 图层(L) 笔刷

新建项目...	Ctrl+N
打开...	Ctrl+O
最近使用的项目	▶
打开模板	▶
置入...	
关闭	Ctrl+W
快速仿制	
仿制	
保存	Ctrl+S
另存为...	Ctrl+Shift+S
重复保存	Ctrl+Alt+S
恢复	
简介...	
导入	▶
导出	▶
电子邮件图像...	Ctrl+Alt+E
页面设置...	Ctrl+Shift+P
打印...	Ctrl+P
离开	Ctrl+Q

图1-12　文件菜单

编辑(E) 画布(C) 图层(L) 笔刷(B) 选择(S)

无法撤消	Ctrl+Z
无法重做	Ctrl+Y
淡化...	Ctrl+Shift+F
剪切	Ctrl+X
复制	Ctrl+C
合并复制	Ctrl+Alt+C
粘贴	Ctrl+Shift+V
原地粘贴	Ctrl+V
在新的图像中粘贴	
清除	
填色...	Ctrl+F
自由变形	Ctrl+Alt+T
变形	▶
水平翻转	
垂直翻转	
偏好选项	▶

图1-13　编辑菜单

画布(C) 图层(L) 笔刷(B) 选择(S) 形状(A)

改变大小...	Ctrl+Shift+R
画布尺寸...	
旋转画布	▶
表面光源...	
切换厚涂	
清除厚涂颜料	
描图纸	Ctrl+T
设置纸张颜色	
标尺	▶
构成	▶
对称	▶
导线	▶
虚拟网格线	▶
透视导线	▶
颜色管理设置...	Ctrl+Alt+K
指定描述文件...	
转换为描述文件...	
颜色校样模式	
颜色校样设置...	

图1-14　画布菜单

图层(L) 笔刷(B) 选择(S) 形状(A) 效果(T)

添加图层	Ctrl+Shift+N
新的水彩图层	
新的油墨图层	
新的厚涂图层	
转换为参考图层	
复制图层	
图层特性...	
移至底部	
移至顶部	
向下移动一图层	
向上移动一图层	
对齐	▶
选择所有图层	Ctrl+Shift+1
群组图层	Ctrl+G
解散图层群组	Ctrl+U
折选图层	Ctrl+E
落下	
全部合并	
合并选择图层	
删除图层	
创建图层遮罩	
自透明度创建图层遮罩	
启用图层遮罩	
删除图层遮罩	
应用图层遮罩	
移动画布到水彩图层	
弄湿整个水彩图层	
弄干水彩图层	
弄干数字水彩	Ctrl+Shift+L
晕染数字水彩	
动态插件	▶

图1-15　图层菜单

笔刷(B) 选择(S) 形状(A) 效果

捕获笔尖
复制变体...
保存变体...
设置预设变体
移除变体...
新笔刷类别...
移除笔刷类别...
在线寻找更多笔刷...
恢复已购项目...
导入　　　　　　▶
导出　　　　　　▶
恢复预设变体
恢复全部预设变体
显示材料
变形材料
录制笔触
播放笔触
自动播放
保存笔触
笔触　　　　　　▶
使用笔触数据

图1-16　笔刷菜单

选择(S) 形状(A) 效果(T) 动画(M) 窗

全部	Ctrl+A
无	Ctrl+D
反转选择区	Ctrl+I
重选	Ctrl+Shift+D
浮动	
笔划选择边缘	
选择图层内容	
选择群组内容	
自动选择	
颜色选择...	
羽化...	
修改	▶
转换为形状	
变形选择区	
显示圈选框	Ctrl+Shift+H
载入选择范围...	Ctrl+Shift+G
保存选择范围...	

图1-17　选择菜单

（8）效果菜单

效果菜单可以对图像文件做特殊效果的处理。效果菜单中包括了种类繁多的命令（图1-19）。学习和掌握效果菜单中各种命令的使用方法可以让作品创作变得更加轻松。

（9）动画菜单

影片菜单主要用于在Painter软件中创建和编辑动画（图1-20）。

（10）窗口菜单

窗口菜单中包括了软件中自带的编辑控制面板。在窗口菜单中，使用者可以根据自己的操作习惯对一些常用的编辑控制面板进行显示或隐藏（图1-21）。

（11）帮助菜单

帮助菜单提供了软件使用及软件售后服务等方面的服务信息（图1-22）。

图1-18　形状菜单

图1-19　效果菜单

图1-20　动画菜单

（a）

（b）

图1-21　窗口菜单

图1-22　帮助菜单

1.3.2 工具箱及默认快捷键

使用者在操作软件过程中习惯运用快捷键操作，以提高图像编辑的效率。表1-1为Painter 2018工具箱中的命令以及默认快捷键说明。

表1-1 工具及快捷键说明

序号	图标	工具及快捷键说明
1		笔刷工具（B） 打开笔刷工具，选择画笔变量
2		滴管（D） 吸取当前图像中的颜色，并显示为颜色面板中的当前颜色
3		油漆桶（K） 对选区的图像执行颜色、渐变、图案、织物的填充
4		交互式渐变（W） 对选区的图像执行颜色、渐变、图案、织物的渐变填充
5		橡皮擦（N） 移除不需要的图像
6		图层调整（F） 选择、移动以及对图层进行调整
7		变形（Alt+ Ctrl+ T） 使用不同的变形模式来修改所选的影像区域
8		矩形选择区（R） 可以创建矩形选框选区
9		椭圆选择区（R） 可以创建椭圆形选框选区
10		套索（L） 可以徒手绘制选区
11		多边形选区（L） 可以绘制由不同点组成的选区
12		魔术棒（W） 可以单击该工具选择颜色相似的区域
13		选择区笔刷（W） 可以以绘制方式建立选区
14		选区调整工具（S） 可以选择、移动矩形、椭圆形、套索选区工具创建的选区和矢量图形转换的选区
15		裁切（C） 可以对图像的边缘尺寸进行移除
16		向量笔（P） 可以创建直线矢量图形路径
17		快速曲线（Q） 可以快速创建曲线矢量图形路径

序号	图标	工具及快捷键说明
18	▣	矩形向量图形（I） 可以创建矩形
19	◯	椭圆向量图形（J） 可以创建椭圆形
20	T	文字（T） 可以创建文本矢量图形
21	▸	向量图形选择（H） 可以编辑"贝塞尔曲线"，对节点进行选择和移动
22	✄	剪刀（Z） 可以剪开闭合的线段
23	✐	加入节点（A） 在线段上添加节点
24	✐	移除节点（X） 在线段上删除节点
25	✦	转换节点（Y） 可以将直线线段转换为曲线
26	✦	仿制（：） 可以快速运用使用过的克隆画笔变体
27	♣	橡皮图章（"） 可以对图像实现逐点取样，对图像中取样的部分实现复制
28	⚲	亮化（-） 可以将图像中的色彩减淡处理
29	◉	暗化（=） 可以将图像中的色彩加深处理
30	⊥	镜射绘制（/） 可以在画布中生成镜像模式，实现对称绘画
31	❋	万花筒（/） 可以将基本的画笔笔触转换为彩色和对称的万花筒图像
32	▦	配置网格（/） 可以在画布中显示网格布局
33	ﻭ	黄金分割（,） 可以在画面中生成经典的构图形式
34	◪	透视导线 可以以一个、两个或三个透视点显示导线
35	✋	手形（G） 可以拖动图像文件
36	◯⟍	放大镜（M） 对当前编辑视图进行放大和缩小

Chapter
1

Chapter
2

Chapter
3

Chapter
4

Chapter
5

续表

序号	图标	工具及快捷键说明
37	↺	旋转页面（E） 可以旋转图像窗口
38	色彩 可以选择主色彩和副色彩	
38		色彩 可以选择主色彩和副色彩
39		纸张选取器 选择纸张材质以变更画布表面，让笔触显示更为逼真的效果
40	▭	单一文件模式 切换文件到单一文件模式
41		简报模式 切换文件到简报模式

表1-2是软件默认快捷键说明。

表1-2　快捷键说明

序号	执行命令	快捷键说明
1	Ctrl+1	显示/隐藏颜色面板
2	Ctrl+2	显示/隐藏混色器面板
3	Ctrl+3	显示/隐藏颜色集库面板
4	Ctrl+4	显示/隐藏图层面板
5	Ctrl+5	显示/隐藏通道面板
6	Ctrl+6	显示/隐藏克隆源面板
7	Ctrl+7	显示/隐藏导航面板
8	Ctrl+8	显示/隐藏渐变、织物及图案面板
9	Ctrl+9	显示/隐藏纸纹材质库面板
10	Tab	显示/隐藏属性栏、工具箱及浮动面板
11	Ctrl+Alt	设置画笔大小

1.4　Painter 笔刷工具和色彩工具

在各种数字绘画软件中，Painter 2018具有功能强大、种类繁多的笔刷工具，这是其区别于其他同类平面绘图软件的重要特征。一些常见的绘画材质如铅笔、炭笔、水彩笔、水粉画、油画等的笔触效果，都可以在Painter的画笔工具中找到。使用者可以轻松地运用这些画笔，并能够自由地调整画笔变量，实现画面的特殊表现效果。

1.4.1 笔刷工具及其属性

　　Painter 2018的画笔库中有多种笔刷，使用者在操作过程中可以单击工具箱中的 ✐ 图标，也可以单击键盘上的B键，激活"笔刷工具"。单击"画笔选择器"里的右下角的蓝色三角形图标✐可以调出Painter的笔刷材料库（图1-23）。在笔刷材料库中，使用者可以根据需要选择不同的笔刷类型。Painter 2018软件默认的笔刷材料库是"Painter 2018笔刷"，其中包含了各式各样的笔刷类型和笔刷变体（图1-24）。

　　在笔刷工具中，针对不同的笔刷变体，笔刷属性栏也会有不同的属性设置。图1-25为"简单"笔刷中"2B铅笔"的属性栏，主要有笔触选择、大小、不透明度和笔触渗透纹路、颜色浓度、颜色混合、笔刷控件等几个部分。

图1-24　笔刷类型及笔刷变体

图1-23　笔刷材料库

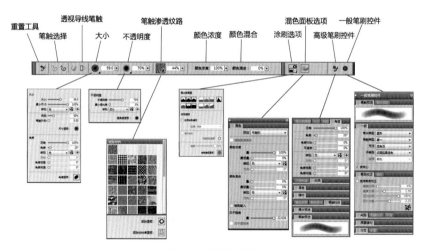

图1-25　笔刷属性栏

（1）笔触选择

　　在Painter 2018中画笔笔触常用的有 ℘ "徒手绘笔触"和 ℘ "直线笔触"两种，如图1-26所示。

　　徒手绘笔触：软件中使用频率最高的笔触，可以让使用者在画布上自由地绘制图像。

　　直线笔触：可以将图像中的任意两个点用直线连接起来。直线笔触效果大多在绘制场景中建筑物以及一些工业绘制时使用。

（a）徒手绘笔触

（b）直线笔触

图1-26　画笔笔触

（2）大小

在完成一幅绘画作品的过程中，往往会设置不同粗细的笔刷进行描绘。笔刷大小决定了画笔笔尖的尺寸（图1-27），使用者可以在绘画过程中根据需要来调节笔刷的大小。

（a）

（b）

图1-27　笔刷大小效果

设置笔刷大小的方法如下。

① 在工具箱中单击 📝 "笔刷工具"图标，激活笔刷工具。

② 在"笔刷选择器"中选择"笔刷类型"，对笔刷变体进行选择。

③ 在笔刷的属性栏"大小"栏中，使用鼠标拖动的方式来调整笔刷的大小范围，或者直接输入数值，来设置笔刷的大小。

除了上述的笔刷大小设置方法以外，使用数位板和压感笔绘画时需要快速设置笔刷大小，可以按键盘"["")"键来快速实现笔刷大小的调节。

（3）不透明度

笔刷的不透明度可以控制笔触在基本像素上覆盖的程度。不透明度数值的改变，会影响到画面效果的变化，如图1-28所示。

设置笔刷不透明度的方法如下。

① 在工具箱中单击"笔刷工具"图标，激活笔刷工具。

② 在"笔刷选择器"中选择"笔刷类型"，对笔刷变体进行选择。

③ 在笔刷的属性栏"不透明度"中，使用鼠标拖动的方式来调整画笔不透明度的范围，或者直接输入百分比数值来设置笔刷的不透明度。

（a）100%　　　　　　　　（b）60%　　　　　　　　（c）20%

图1-28　笔刷不透明度效果

（4）笔触渗透纹路

笔刷的笔触渗透纹路可以控制笔刷与画纸之间的相互作用，颗粒的百分比大小决定了笔触的渗透程度。笔刷颗粒的数值越小，笔触在画纸上的渗透度越高，显示的颗粒越少。反之，笔刷颗粒的数值越大，笔触在画纸上的渗透度越低，显示的颗粒越多，如图1-29所示。

（a）100%　　　　　　　　（b）60%　　　　　　　　（c）20%

图1-29　笔触渗透纹路效果

设置笔刷的笔触渗透纹路的方法如下。

① 在工具箱中单击"笔刷工具"图标，激活笔刷工具。

② 在"笔刷选择器"中选择"笔刷类型"，对笔刷变体进行选择。

③ 在笔刷的属性栏的"笔触渗透纹路"中，使用鼠标拖动的方式来调整画笔颗粒的范围，或者以直接输入百分比数值的方式来设置笔刷的颗粒值。

（5）颜色浓度

笔刷的颜色浓度用于控制笔触填充的颜色量。若值低于10%（搭配更低的颜色混合值），笔刷的笔触效果会缓缓淡入，如图1-30所示。

  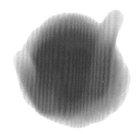

（a）100%　　　　　　　　（b）50%　　　　　　　　（c）6%

图1-30　颜色浓度效果

 第1章　Painter数字绘画概述

Chapter 1

Chapter 2

Chapter 3

Chapter 4

Chapter 5

（6）颜色混合

笔刷的颜色混合用于控制笔刷颜色涂抹底色的程度。若颜色混合程度高于颜色浓度，则颜色混合会形成覆盖的效果。使用颜色混合时，笔触效果会出现一定的透明效果，图1-31为不同饱和度的绿色在红色底纹上形成的颜色混合效果。

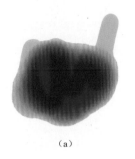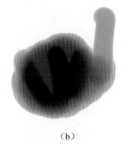

（a）　　　　　　　　　（b）　　　　　　　　　（c）

图1-31　颜色混合效果

（7）笔刷控件

笔刷控件包含"一般笔刷控件""高级笔刷控件"，这里只对常用的"一般笔刷控件"下"一般"面板作详细的说明。

单击菜单栏下"窗口"按钮下的"笔刷控制面板"按钮，选择"一般"按钮，弹出"一般笔刷控件"面板（图1-32），在其中可找到"一般"面板。

（a）　　　　　　　　　　　　　　　（b）

图1-32　一般笔刷控件

1）笔尖类型

笔尖类型中涵盖了20多种可供选择的笔尖类型，使用者可以根据绘图要求选择需要的笔尖，如图1-33所示。

2）笔触类型

在笔触类型的下拉列表中有"单一""多重""分岔""水管""釉彩"5种类型可以选择，如图1-34所示。

3）笔刷方法

笔刷方法可以控制笔刷效果，是建立其他笔刷变体的基础。方法中包括了叠色法、覆盖法、橡皮擦、选择区、滴水法、仿制等10多种画笔效果，如图1-35所示。

图1-33　笔尖类型　　　　　图1-34　笔触类型　　　　　图1-35　笔刷方法

4）子类别

每种"方法"都可以有多种变化，称为子类别，这些子类别可以进一步修改笔刷效果。不同的笔刷变体，子类别的选项也有所不同。

5）来源

来源可以指定笔刷变体所使用的绘画材料。来源仅适用于某些笔刷变体，例如喷枪、涂鸦等。

1.4.2　笔刷类型

这里将对笔刷类型和主要的笔刷变体进行详细介绍。

（1）压克力和胶彩

压克力笔刷的效果如同实际的压克力笔，是可以将快干颜料用在画布上的多用途笔刷。该类大多数笔刷都可以覆盖底下的笔触，并支持多种彩色笔触。此外，一些压克力笔触与底下的笔触相互作用可以创作出逼真的效果。胶彩笔刷主要使用液态色彩与压克力笔刷的不透明度相结合进行绘制，使用胶彩笔刷绘制的笔触会覆盖底层笔触（图1-36）。

（a）压克力胶化洗涤　　　　　（b）细节不透明　　　　　（c）胶彩分岔抖动

图1-36

（d）不透明平滑笔刷　　　　　　　（e）仿真干平头　　　　　　　（f）粗压克力鬃毛

图1-36　压克力和胶彩

（2）喷枪

喷枪笔刷可以实现细致的色彩喷溅，模仿出真实喷枪的效果。同时，有些笔刷会表现出不同的叠色方式。大多数喷枪都可以使用单一笔刷叠色，也可以使用多个笔刷叠色（图1-37）。

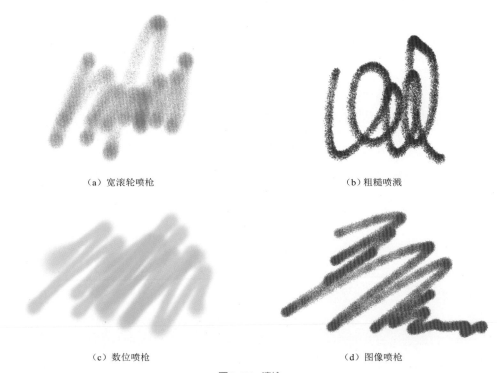

（a）宽滚轮喷枪　　　　　　　　　　　　　　　　（b）粗糙喷溅

（c）数位喷枪　　　　　　　　　　　　　　　　　（d）图像喷枪

图1-37　喷枪

（3）画家常用项目

画家常用项目笔刷可绘制具有艺术大师风格的画作。例如，可以使用多重阴影的笔刷模仿凡·高的风格绘制画面，也可以模仿修拉的绘画风格，使用点彩的方式绘制画面。此外，可以通过设定色彩变化调整这类笔刷的上色方式等（图1-38）。

（4）音效表现

音效表现笔刷可使用电脑麦克风的声音或内部声音来绘制笔触的大小和质感等（图1-39）。

（a）印象派混色笔抖动 　　　　　　　　　　　　　　　（b）印象派

（c）萨金特笔刷 　　　　　　　　　　　　　　　（d）涂鸦笔

图1-38　画家常用项目

（a）云朵音效搅乱器 　　　　　（b）屏蔽花纹音效笔 　　　　　（c）微粒折纸音效脉冲

（d）仿真水彩音效脉冲 　　　　（e）斑纹液态油墨音效溅污 　　　　（f）微粒纹路音效喷溅

图1-39　音效表现

（5）粉彩笔、粉蜡笔与蜡笔

粉彩笔笔刷会产生丰富、自然的粉彩条材质效果，而且其笔触会与纸张纹路相互作用。粉蜡笔笔刷的效果多样，包括具有纸张纹路的凝重粉蜡笔、可以覆盖现有笔触的超轻粉蜡笔等。蜡笔笔刷可实现从柔和、钝头到蜡状等不同样式的笔触效果，该类笔刷也能产生与纸张纹路相互作用的材质笔触。粉彩笔、粉蜡笔及蜡笔这三类笔刷的不透明度也与画笔压力相关联（图1-40）。

Chapter **1**

Chapter 2

Chapter 3

Chapter 4

Chapter 5

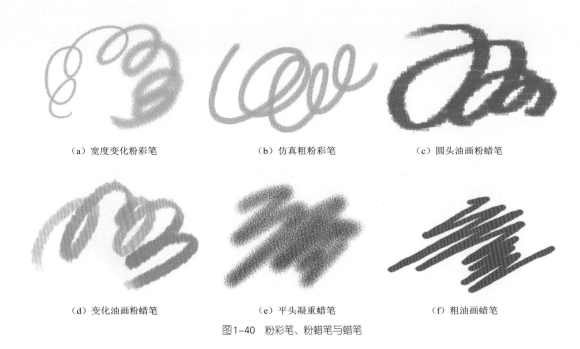

（a）宽度变化粉彩笔　　　　（b）仿真粗粉彩笔　　　　（c）圆头油画粉蜡笔

（d）变化油画粉蜡笔　　　　（e）平头凝重蜡笔　　　　（f）粗油画蜡笔

图1-40　粉彩笔、粉蜡笔与蜡笔

（6）仿制笔

仿制笔笔刷除了需要从取样来源吸取色彩以外，与其他笔刷效果相类似。这些笔刷会仿制来源画面，并产生粉蜡笔或水彩色之类风格的画面效果（图1-41）。

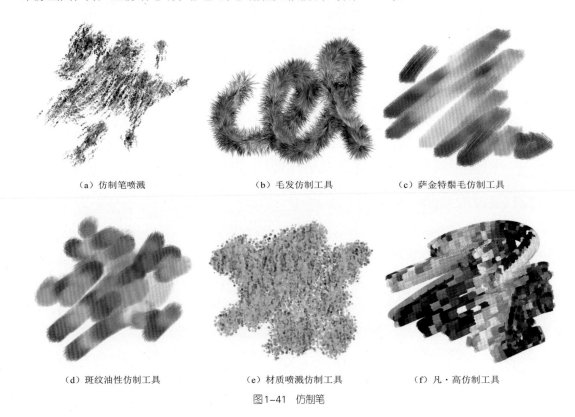

（a）仿制笔喷溅　　　　（b）毛发仿制工具　　　　（c）萨金特鬃毛仿制工具

（d）斑纹油性仿制工具　　　　（e）材质喷溅仿制工具　　　　（f）凡·高仿制工具

图1-41　仿制笔

（7）涂刷模板

涂刷模板笔刷能够将笔触的区域变得透明，由此排除这些笔触区域。这些笔刷使用透板媒材，例如纸张、流线贴图或材质透板等（图1-42）。

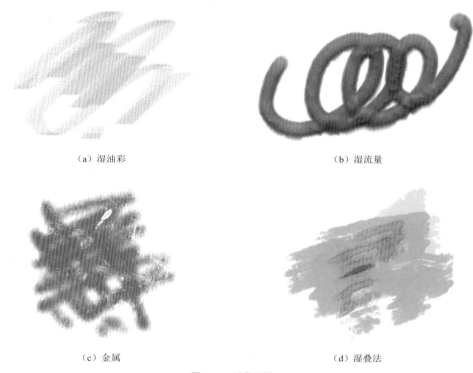

（a）湿油彩　　　　　　　　　　　　　　　　　　（b）湿流量

（c）金属　　　　　　　　　　　　　　　　　　（d）湿叠法

图1-42　涂刷模板

（8）数字水彩

数字水彩笔刷会产生丰富的水彩效果，该类笔刷可直接用于任何像素图层，包括画布图层等。其中，仿真水彩或水彩等笔刷可以产生逼真的水彩效果，让色彩更加逼真地流动、混合和融合。除湿橡皮擦笔刷变体外，画笔压力决定数字水彩笔刷笔触的宽度（图1-43）。

（9）动态斑纹

动态斑纹笔刷可使用大量的色彩圆点或斑纹来产生连贯的笔触效果（图1-44）。

（a）宽水彩　　　　　　　　　　　　　　　　　　（b）结晶点水彩笔

图1-43

（c）水彩海绵 　　　　　　　　　（d）锥形晕彩水笔

图1-43　数字水彩

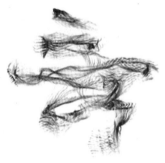

（a）鬃毛轻柔渲染压力表现　　（b）微粒链条纹路覆盖磨剂　　（c）微粒纹路马克笔研磨剂

（d）微粒轻柔渲染混色笔　　（e）仿真鬃毛轻柔渲染　　（f）斑纹重力笔刷

图1-44　动态斑纹

（10）橡皮擦

橡皮擦笔刷可分为三种类型：橡皮擦、漂白和暗色化。该类笔刷效果同橡皮擦工具类似，橡皮擦笔刷会擦除色彩；漂白笔刷会移除色彩，逐渐淡化到白色；暗色化笔刷则与漂白笔刷的作用相反，会逐渐提高色彩密度，将色彩变成黑色。使用所有橡皮擦笔刷时，消除程度取决于画笔压力大小（图1-45）。

（11）特效

特效笔刷可提供多种极具创意的画面效果。有些笔刷变体会加入色彩，有些则会在底层画面产生效果。因此，运用特效笔刷的最佳方式就是在空白画布中多加尝试（图1-46）。

（a）块状橡皮擦

（b）清除全部凝重笔刷

（c）清除全部轻柔笔刷

（d）斑纹橡皮擦

（e）仿真轻柔橡皮擦

图1-45　橡皮擦

（a）扭曲

（b）雾状抖动

（c）渐层线

（d）飓风

图1-46　特效

（12）釉彩

在釉彩笔刷中，笔触会随着笔刷均匀地混合色彩，并产生细腻的过渡效果，从开头到结尾都会非常柔和并填满整个区域（图1-47）。

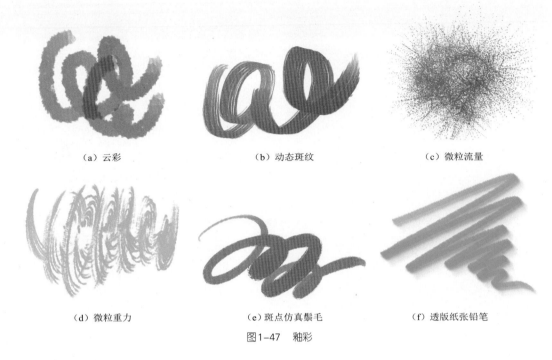

（a）云彩 （b）动态斑纹 （c）微粒流量

（d）微粒重力 （e）斑点仿真鬃毛 （f）透版纸张铅笔

图1-47　釉彩

（13）图像水管

图像水管笔刷是一种特殊笔刷，主要用于表现图像而不是色彩，其绘制的图像来自于被称为喷嘴的图像文件。每个喷嘴集合包含多个影像效果，包含大小、色彩及角度等参数，每一种参数都可关联到笔刷特性，例如速度、压力及方向等（图1-48）。

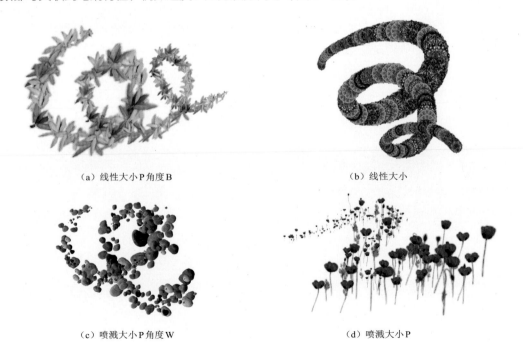

（a）线性大小P角度B （b）线性大小

（c）喷溅大小P角度W （d）喷溅大小P

图1-48　图像水管

（14）厚涂颜料

厚涂颜料笔刷可以在画布上使用厚涂的方式绘制笔触，有些笔触会在画面中产生有明显深度的效果，例如蚀刻厚涂、透明清漆、深度分岔和透明纹理等（图1-49）。

（15）油墨

油墨笔刷结合了油墨与颜料两种属性，可产生浓厚的液态颜料效果。油墨笔刷分为三种主要类型：套用油墨、移除油墨以及柔化边缘等。首次使用该类笔刷时，笔刷会自动建立新的图层（图1-50）。

（a）蚀刻厚涂　　　　　　　　　（b）粗糙萨金特笔刷抖动　　　　　　　　　（c）扭曲厚涂

（d）纹路浮雕　　　　　　　　　（e）斑纹纹路载色调色刀　　　　　　　　　（f）变化纹理

图1-49　厚涂颜料

（a）微粒松树　　　　　　　　　　　　　　　　　（b）微粒重力油墨气泡

图1-50

（c）溅污喷枪 　　　　　　　　　　　　（d）平滑驼毛

图1-50　油墨

（16）马克笔

马克笔笔刷可绘制真实的马克笔效果。该类笔刷包含软、硬多种笔触效果，提供各式各样的笔尖形状和透明度等，逼真地表现高质量的马克笔笔触（图1-51）。

（a）艺术马克笔 　　　　　　（b）方尖马克笔 　　　　　　（c）脏污马克笔

（d）漏水马克笔 　　　　　　（e）陈旧马克笔 　　　　　　（f）平头涂绘马克笔

图1-51　马克笔

（17）油画

油画笔刷可以轻松实现真实的油画效果。其中，有些笔刷效果是半透明的，可以产生釉彩效果；有些笔刷效果是不透明的，且会覆盖底层笔触；有些笔刷可实现传统油画颜料的混合媒材效果；有些笔刷会产生油墨效果，在绘制时笔刷油墨会减少，笔触也会变淡；有些笔刷可以实现画刀效果，可直接在画布上混合颜料。此外，由于图层不具有画布的油性属性，因此套用到图层中的笔触不会快速淡化（图1-52）。

（a）鬃毛油画　　　　　　　　（b）细致羽毛油画　　　　　　　（c）细致轻柔釉彩

（d）仿真块状湿平涂　　　　　　（e）软覆盖　　　　　　　　（f）斑纹细致油画

图1-52　油画

（18）画刀和海绵

画刀笔刷可以刮除、推挤或选择并拖拽画布中的色彩，其中，只有刷式画刀笔刷会使用当前的颜料色彩。需要指出的是，画刀笔尖永远与触控笔的笔杆平行。海绵笔刷可通过选取的色彩颜料覆盖或混合现有色彩，进而形成各种材质效果。有些海绵笔刷会以随机的方式产生笔触效果，纹路湿海绵之类的笔刷会产生海绵笔尖的笔触效果（图1-53）。

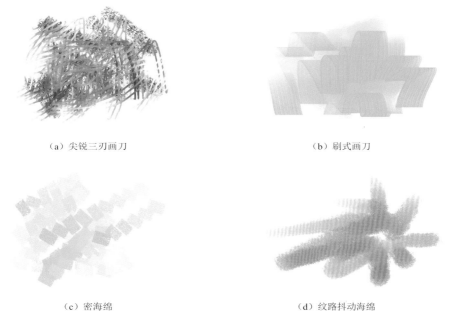

（a）尖锐三刃画刀　　　　　　　　　　　　　（b）刷式画刀

（c）密海绵　　　　　　　　　　　　　（d）纹路抖动海绵

图1-53　画刀和海绵

Page 027

（19）微粒

微粒笔刷是具有物理特性的笔刷，可赋予画面以独特的外观与质感。这类笔刷可从中心点散发微粒，这些微粒顺着画布移动时会形成路径花纹效果等（图1-54）。

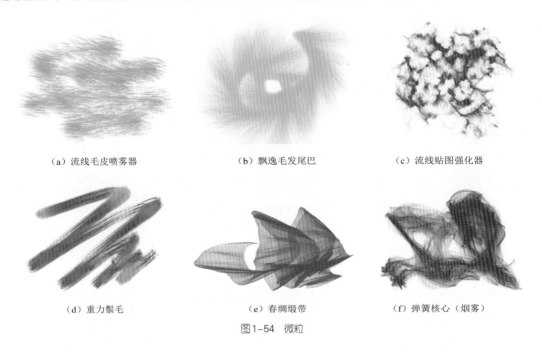

（a）流线毛皮喷雾器　　　　（b）飘逸毛发尾巴　　　　（c）流线贴图强化器

（d）重力鬃毛　　　　（e）春绸缎带　　　　（f）弹簧核心（烟雾）

图1-54　微粒

（20）花纹画笔

花纹画笔笔刷可在画面中绘制花纹图像，并能调整花纹大小和透明度等。例如，小花纹笔会缩小花纹，透明花纹画笔则会套用半透明的花纹等（图1-55）。

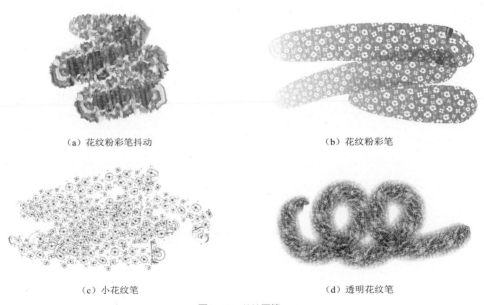

（a）花纹粉彩笔抖动　　　　　　　　　（b）花纹粉彩笔

（c）小花纹笔　　　　　　　　　（d）透明花纹笔

图1-55　花纹画笔

（21）钢笔和铅笔

钢笔笔刷可以产生逼真的钢笔效果，但不会有堵塞、溅污或变干等问题，可以提供在纸张材质上的平滑笔触效果。铅笔笔刷能表现铅笔的手绘效果，从粗略的素描到精细的工笔画都能予以表现。铅笔笔刷与实际铅笔的笔触效果类似，且不透明度与触控笔压力有关。同时，铅笔笔触的宽度会依笔触的速度而有所不同，快速拖拽会产生细线，而慢速拖拽则会产生粗线（图1-56）。

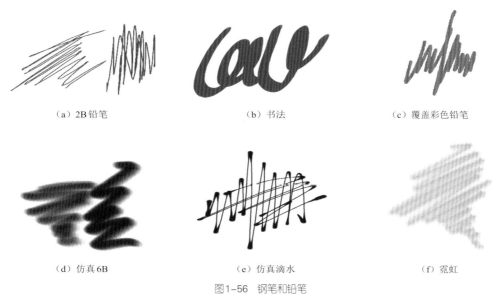

（a）2B铅笔　　　　　　　　　　（b）书法　　　　　　　　　　（c）覆盖彩色铅笔

（d）仿真6B　　　　　　　　　（e）仿真滴水　　　　　　　　　（f）霓虹

图1-56　钢笔和铅笔

（22）仿真水彩

仿真水彩笔刷会产生类似于色彩流动的笔触效果，实现逼真的水彩画面，可以修改仿真水彩笔刷控件以达到不同效果（图1-57）。

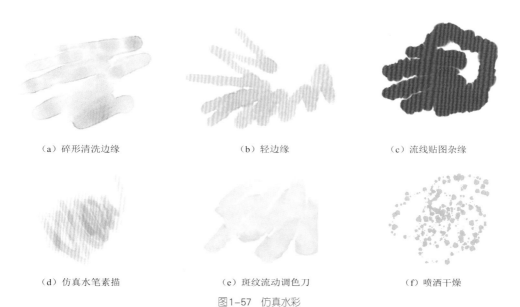

（a）碎形清洗边缘　　　　　　（b）轻边缘　　　　　　　（c）流线贴图杂缘

（d）仿真水笔素描　　　　　　（e）斑纹流动调色刀　　　　　（f）喷洒干燥

图1-57　仿真水彩

（23）仿真湿油画

仿真湿油画笔刷可产生逼真的油画笔触效果，该笔刷可以灵活地控制颜料黏滞度和色彩浓度，类似于混合油画颜料效果，绘制时可以修改仿真湿油画笔刷控件以达到不同效果（图1-58）。

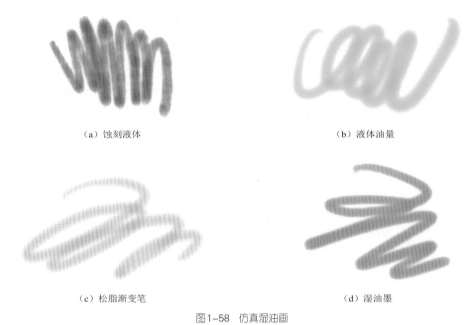

（a）蚀刻液体　　　　　　　　　　（b）液体油量

（c）松脂渐变笔　　　　　　　　　　（d）湿油墨

图1-58　仿真湿油画

（24）敏锐笔触

敏锐笔触笔刷以其他笔刷类别的常用笔刷变体为基础，可搭配照片描绘系统进行使用（图1-59）。

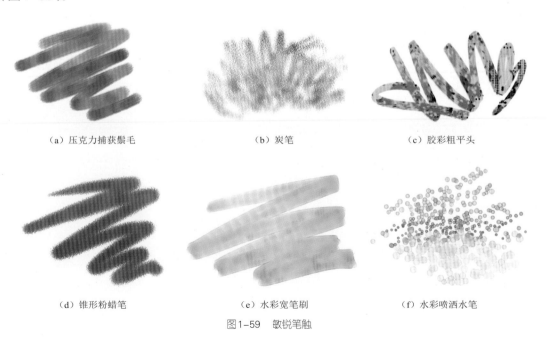

（a）压克力捕获鬃毛　　　　（b）炭笔　　　　（c）胶彩粗平头

（d）锥形粉蜡笔　　　　（e）水彩宽笔刷　　　　（f）水彩喷洒水笔

图1-59　敏锐笔触

（25）苏美

苏美笔刷可实现流动的苏美样式笔触效果，可使用笔刷大小和形状等工具调节苏美笔刷（图1-60）。

（a）干油墨苏美

（b）平头湿苏美

（c）粗分叉苏美

（d）湿鬃毛苏美

图1-60 苏美

（26）材料覆盖

材料覆盖笔刷通过吸取图像的色彩和材质，然后以不同的笔触效果将其表现在画面当中（图1-61）。

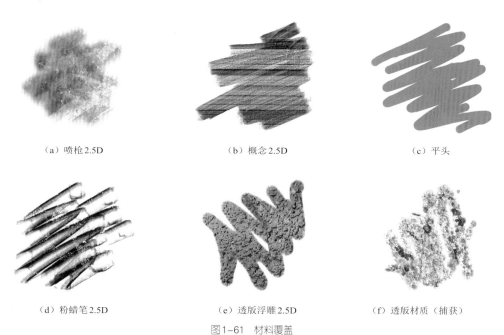

（a）喷枪2.5D

（b）概念2.5D

（c）平头

（d）粉蜡笔2.5D

（e）透版浮雕2.5D

（f）透版材质（捕获）

图1-61 材料覆盖

（27）厚涂

厚涂笔刷可表现厚实的颜料笔触，展示厚涂颜料的外观与质感，实现自然的媒材效果。不论是传统艺术、摄影艺术还是绘图，这类笔刷都能描绘出有丰富质感的图像（图1-62）。

（a）新增与刮除调色刀　　　　（b）纹路精细分岔　　　　（c）纹路油画抖动

（d）纹路仿真鬃毛油画平头　　（e）仿真鬃毛油画榛型笔　　（f）平滑圆头油画

图1-62　厚涂

（28）水彩

水彩笔刷可在图层上绘制水彩效果，让色彩流动、混合并融合于纸张中。在初次使用水彩笔刷时会自动建立水彩图层，此图层能仿制传统的水彩媒介。大多数水彩笔刷均会与画布材质相互作用（图1-63）。

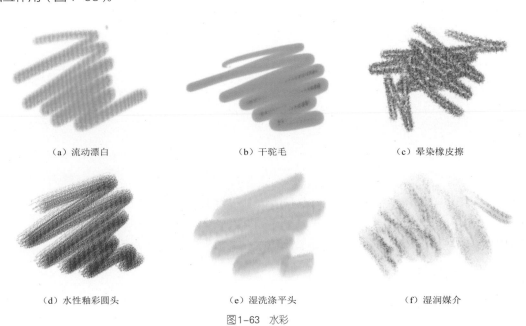

（a）流动漂白　　　　　　　　（b）干驼毛　　　　　　　　（c）晕染橡皮擦

（d）水性釉彩圆头　　　　　　（e）湿洗涤平头　　　　　　（f）湿润媒介

图1-63　水彩

1.4.3　色彩工具

在Painter 2018软件中，色彩工具主要分为三个面板：颜色、混色器和颜色集材料库，如图1-64所示。

（1）"颜色"面板的使用

1）打开"颜色"面板

在默认状态下打开Painter 2018，在界面的右方会出现带有颜色的面板，如图1-65所示。如果在界面中没有显示该面板，可以在菜单栏中"窗口"下找到"颜色面板"命令，并勾选"颜色"栏。

2）"颜色"面板说明

"颜色"面板由色相环、色彩饱和度、主颜色、副颜色以及颜色RGB的数值等信息构成。色相环里显示的是不同色相的颜色信息；色彩饱和度在色相中按照从左至右的顺序，颜色纯度会逐渐递进。

（2）颜色的选择

1）选择颜色

使用鼠标或压感笔直接在色相环中对颜色进行选择，选取过程中通过移动图标 ▱（方框）修改色相，然后移动图标 ✦（星形）完成对颜色的选择（图1-66）。

图1-64　色彩工具面板

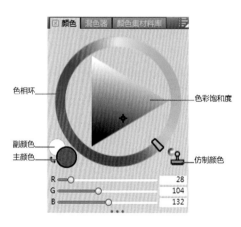

图1-65　"颜色"面板

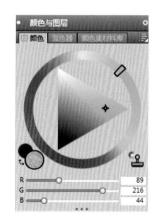

图1-66　选择颜色

2）选择主颜色

主颜色的选择方法为，双击"主颜色"按钮，如图1-67所示，调出"颜色"对话框，在该对话框中对颜色进行选择。

Page 033

3）选择副颜色

副颜色通常是在使用多种颜色时使用。副颜色的选择方法为，双击"副颜色"按钮，如图1-68所示，调出"颜色"对话框，在对话框中对颜色进行选择。

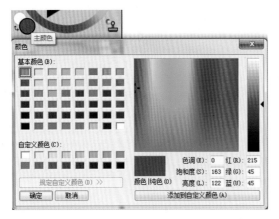

图1-67　选择主颜色　　　　　　　　　　　　　图1-68　选择副颜色

（3）"混色器"面板的使用

1）打开"混色器"面板

打开Painter 2018，在界面的右方会出现"混色器"面板。如果在界面中没有显示该面板，可以在图1-69所示的菜单栏中"窗口"命令下找到"颜色面板"命令，并勾选"混色器"栏。

2）"混色器"面板说明

"混色器"面板好比是画家手里的调色盘，可以对颜色进行调和。通过"混色器"面板当中初始颜色之间的相互作用，可以创建出新的颜色。图1-70为"混色器"面板的分布说明。

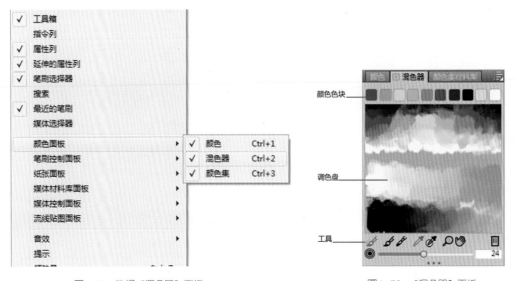

图1-69　选择"混色器"面板　　　　　　　　　图1-70　"混色器"面板

3）"混色器"面板中的使用和保存

"混色器"面板不仅可以调和颜色，还可以对颜色进行存储。使用者可以根据调色习惯在绘画前先创建颜色且进行保存，然后在进行绘画时，将颜色调出使用。

"混色器"面板中颜色保存的步骤：打开"混色器"面板；单击"混色器"面板右上角的图标 ，在弹出的菜单中选择"保存混色器颜色"命令（图1-71）；在界面上出现的"混合器颜色"对话框中可以对要保存的混色器颜色的存储路径以及名称进行存盘，完成以上操作后单击"保存"按钮完成存储（图1-72）。

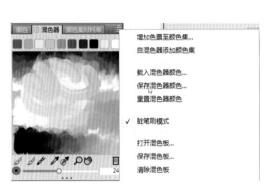 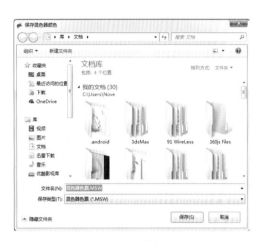

图1-71　选择"保存混色器颜色"　　　　　　图1-72　"保存混色器颜色"面板

（4）"颜色集材料库"面板的使用

Painter 2018的颜色集中包含了不同颜色集的信息，打开这些颜色集，使用者可以在绘画过程中快速直接地选择颜色（图1-73）。

1）打开"颜色集材料库"面板

打开Painter 2018，在界面的右方会出现"颜色集材料库"面板。如果在界面中没有显示该面板，可以在图1-74所示的菜单栏中"窗口"按钮下找到"颜色面板"按钮，勾选"颜色集材料库"栏。

图1-73　"颜色集材料库"面板　　　　　　图1-74　打开"颜色集材料库"面板

单击"颜色集材料库"面板右上角的图标，在界面上弹出的菜单中单击"颜色集材料库"按钮，会出现"Painter 颜色"（默认）、"72铅笔"等按钮（图1-75）。勾选"72铅笔"按钮后，在"颜色集材料库"面板中会出现72铅笔的颜色集（图1-76）。

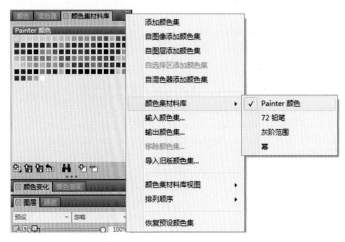

图1-75　单击"颜色集材料库"按钮

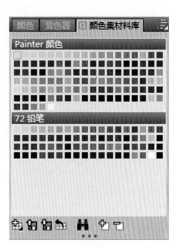

图1-76　"颜色集材料库"面板

在"颜色集材料库"中对颜色进行选取的方法是，在"颜色集材料库"面板打开的状态下，使用鼠标或压感笔直接在颜色集材料库中选择颜色即可。

2）添加和删除颜色到"颜色集材料库"

可以通过自定义的形式将自定义颜色添加到"颜色集材料库"中，添加方法为，在"颜色"面板中确定颜色后，单击"颜色集材料库"面板下的 ![icon]（将颜色加入颜色集材料库）按钮，新添加的颜色会自动生成在"颜色集材料库"中。要删除颜色集材料库中的颜色也是需要确定好颜色后，单击"颜色集材料库"面板下的 ![icon]（从颜色集材料库删除颜色）按钮，如图1-77所示。

图1-77　添加和删除颜色到"颜色集材料库"

1.5　数位板的使用

数位板，又叫手绘板、绘图板，是计算机输入设备的一种，也是进行数字绘画创作的必备工具之一。数位板通常由一块面板和一支压感笔组成，在进行数字绘画时用压感笔在面板上绘画，而且借助绘画软件的显示和操作，可以更快地实现对画面的绘制和编辑（图1-78）。数字绘画领域中对数位板和压感笔的使用已经相当普遍，这也是数字绘画艺术家们必须学习和掌握的重要操作工具。

图1-78　数位板绘画

1.5.1　数位板简介

数位板和压感笔之所以能成为数字绘画领域必不可少的工具，其优势在于精确的压感技术，不仅可以实现鼠标的感应功能，还可以代替绘画时使用画笔的实际体验，以压感笔代替传统的画笔，利用数位板的压感效果在软件中绘制出不同粗细、深浅的线条和丰富的颜色效果，达到"无纸绘画"的目的（图1-79）。数位板既可以结合Painter、Photoshop、SAI等绘图软件进行插画绘制，也可以结合ZBrush等数字雕刻软件进行三维数字造型设计等。

图1-79　数位板和压感笔

数位板的品牌很多，国外有Wacom，国内有汉王、友基等，同一品牌也有一定的价格差距。以Wacom为例，手绘板有入门级Bamboo系列和专业级Intuos（影拓）系列，手绘屏有Cintiq（新帝）系列等，操作者可以根据需要选择合适的品牌购买使用。

1.5.2 设置压感笔压力

图1-80 打开"笔刷笔迹"

数位板使用的前提是驱动程序的正确安装。首先，在电脑中安装数位板的驱动程序，安装完成后将数位板连接线连接到电脑，数位板上会有灯光或文字提示，这时压感笔就可以在数位板上使用了。

启动Painter 2018，点击菜单栏中的"编辑"命令，在该命令的下拉菜单中找到"偏好设置"命令下的"笔刷笔迹"命令，也可以使用快捷键（Ctrl + Shift+，），如图1-80所示。

点击"笔刷笔迹"命令，可以在弹出的"笔刷笔迹"面板中使用压感笔在数位板上绘制。此时在对话框上半部分的空白处就可以看到刚才绘制的路径。使用者可以根据使用习惯对画笔的压力、速度等进行设置，完成后点击确定按钮，如图1-81所示。

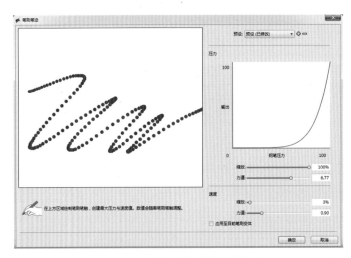

图1-81 设置"笔刷笔迹"命令

 本章总结

Painter 2018 软件的基本界面和工具设置与其他的平面软件相类似，在使用方法上也可以相互参照。创作者在认识和学习软件时，需要注意该软件的主要特色、与其他软件的区别等，这样既可以有针对性地学习软件，也可以组合使用不同的软件完成绘制工作等。

Chapter

02

第2章

Painter 静物绘制

　　本章通讨案例讲解Painter 2018基本的绘画工具和绘画方法等。在进行数字绘画时，既要掌握一定的绘画技巧，还要掌握软件相关的使用技巧，熟悉工具基本的用法和特点等。

　　下面分别以苹果、陶罐、金属器具的绘制为例进行讲解。本书在案例绘制前都会进行分析，主要是为了培养绘画者的分析和思考能力，之后形成合理的绘制思路，进而选择合适的方法和技巧。同时，创作者应根据静物的不同材质，研究不同材质质感的表现手法，强化对基础工具的理解和掌握，并通过Painter 2018软件相关工具的扩展，研究如何更好更快地实现数字绘画中的静物绘制。

2.1　苹果的绘制

　　苹果在生活中极为常见，它们形状略有差异，但转面结构相同，所以成为绘画学习时的重要练习内容。想要绘制出一个具有立体感的苹果，会涉及造型的准确、色彩的过渡及融合等，这相对于规则的单色几何体更有难度。因此，本书将苹果的绘制作为书中的第一个案例。图2-1中是使用Painter 2018绘制的苹果，主要使用写实的绘画方法。

图2-1　苹果

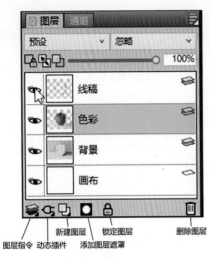

图2-2 图层分层

新建图层　　锁定图层
图层指令　动态插件　添加图层遮罩　删除图层

2.1.1　绘前分析：图层与工具

在进行数字绘画之前，对所要描绘的内容进行分析是极为必要的，这不仅可以提高绘制效率，也可以更好地将构思步骤化、图像化。在此主要分析图层与工具使用两方面。

（1）图层

使用Painter绘制苹果时的图层一般至少分为线稿、色彩、背景、画布四个图层（图2-2）；也可以分为背景层、投影层、色彩层、细节层四个图层。若再进行细分，在色彩图层还可以将高光和反光等单独分层。

Tips 小提示

图2-2中最下面的"画布"图层是创建文件时的默认图层，创作者可以直接在该图层绘画，也可以放在最底面空置。一般来说，为了优化绘制流程，方便后期修改，都是使用 （新建图层）命令创建新的图层进行绘制。

线稿层：该图层主要是用来绘制主体物的线稿，线稿一般包括造型、明暗分界线、投影、空间关系等。

色彩层：该图层是主体物的绘制图层，在塑造主体的空间结构关系时，色彩反复叠加以实现自然过渡，从而合理描绘物体的"三大面五大调子"，主体物的绘制要比理论更加复杂和细腻，应认真体会、分析和表现。

背景层：该图层主要是绘制背景关系，包括主体物的投影和背景空间关系。对于复杂的场景，可以将投影与背景空间分为两个图层。其中，投影是表现主物体空间感的重要载体，涉及光源的方向以及投影的虚实变化。背景空间可以使用渐变或者油漆桶工具等填充，然后使用笔刷进行虚实变化的绘制。

正确的分层意识、一定的绘画基础和对工具的熟练掌握是绘制案例的重要基础，创作者在绘制时要仔细思考、提前规划，才能事半功倍。

（2）工具

除常规的笔刷工具外，由于苹果的形状具有一定的对称性，可以考虑使用套索选区工具、钢笔工具等进行基本轮廓绘制（图2-3）。其中，在使用钢笔工具时，对钢笔轮廓的修改可以通过形状选择工具实现。

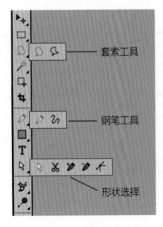

套索工具

钢笔工具

形状选择

图2-3　轮廓绘制常用工具

2.1.2 绘制线稿的几种方法

苹果结构以球形为主，形状略有差异，具有对称的特点，此处列举几种方法绘制苹果基本轮廓。

（1）套索工具法

新建空白文件，在图层面板点击右下角的 （新建图层）命令创建一个图层并命名为"套索绘制"（图2-4）。按快捷键L键或在工具栏中选择 （套索工具）（图2-5），按住鼠标左键，在弹出的工具中选择 （套索选择区），设置套索工具属性栏（图2-6）。

图2-4　新建图层

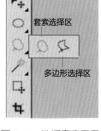

图2-5　选择套索工具

图2-6　设置套索工具

选择"套索绘制"图层进行绘制，使用套索工具绘制出苹果的一半轮廓（图2-7），绘制完成后点击鼠标右键，在弹出菜单中选择"笔划选择边缘"，软件会对轮廓进行描边（图2-8），执行菜单栏"选择"下的"无"命令或按快捷键Ctrl+D取消选区，完成一半苹果的绘制。

图2-7　绘制轮廓

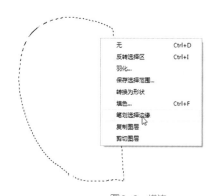

图2-8　描边

选择"套索绘制"图层并单击右键，在弹出的对话框中点击"复制图层"命令，选择复制图层并执行菜单栏"编辑"下的"变形 > 水平翻转"（图2-9），将复制图层移动到原图对称位置，这时可以使用菜单栏"编辑"下的"自由变形"工具，自由移动、旋转、缩放图层。图层移动到合适的位置后，选择复制图层，执行菜单栏"图层"下的"折叠图层"或者按快捷键Ctrl+E命令向下合并图层（图2-10），将两个图层合并成一个图层。

按快捷键N键或工具栏中选择 （橡皮擦）工具，擦除苹果轮廓中间的竖线（图2-11）。使用套索工具建立苹果蒂选区，再使用上面的方法建立新的轮廓，即可完成苹果基础轮廓的绘制（图2-12）。

图2-9 选择"水平翻转"

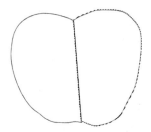

图2-10 合并图层

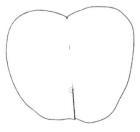

图2-11 擦除竖线

图2-12 绘制轮廓完成

（2）钢笔工具法

钢笔工具是Painter软件中功能强大的绘制工具之一，钢笔工具属于矢量绘图工具，其优点是可以勾画平滑的曲线，在缩放或者变形之后仍能保持平滑效果。钢笔工具画出来的矢量图形称为路径，路径绘制完成后还可以用形状选择工具再进行编辑（图2-13）。钢笔工具画出来的路径是矢量的，且允许是不封闭的开放状，如果把起点与终点重合绘制就可以得到封闭的路径。

Painter钢笔工具可用于绘制具有高精度的图像，绘制出的路径带有锚点和控制手柄，通过对锚点与控制手柄的调整可以对曲线进行精细调节（图2-14）。

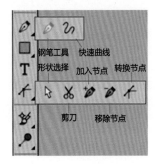

图2-13 钢笔工具及形状选择

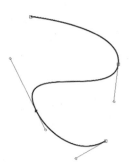

图2-14 锚点及控制手柄

小提示

　　用钢笔工具绘制路径时，可以通过按住鼠标左键不放的方法调整曲线的曲率，在路径创建完成后可以使用形状选择工具调整曲线的手柄，从而改变曲线的曲率，还可以自由地添加或者删掉锚点来修改曲线等。

　　具体绘制步骤如下。

　　新建图层，按快捷键P或在工具箱中选择 （钢笔工具），在画布中快速地绘制一个闭合路径（图2-15）。

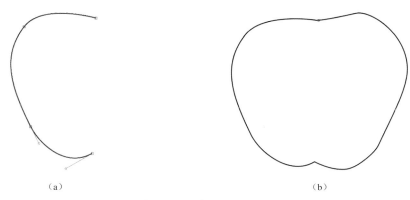

（a）　　　　　　　　　　　　　　　　　　（b）

图2-15　绘制路径

　　选择工具栏中的 　（形状选择）工具，点击绘制的路径或锚点会显示出相关锚点的控制手柄，可以直接移动锚点，也可以使用控制手柄调整曲线的弧线，在一些位置可以通过 　（转换节点）工具对曲线进行精细调节，调整出大致的苹果造型（图2-16）。使用同样的方法绘制出苹果蒂（图2-17）。

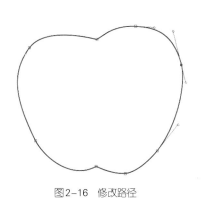

图2-16　修改路径

图2-17　绘制苹果蒂

　　调整完成后选择路径，点击右键在弹出菜单中选择"转换为图层"（图2-18），即可将绘制的路径变成线稿（图2-19）。应该注意的是，钢笔工具转换图层所生成的线稿，其线条粗细、颜色等效果是由画笔工具的参数设置决定的，因此应该提前设置好画笔工具参数。

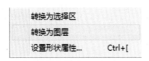

图2-18 转换为图层

图2-19 绘制完成

（3）手绘法

手绘法即直接使用压感笔在数位板上进行绘制的方法，相对以上几种方法，手绘法更为自由，无论是绘制造型，还是修改线条，都是非常方便的（图2-20）。同时，手绘法对绘画的准确度要求也更高一些。

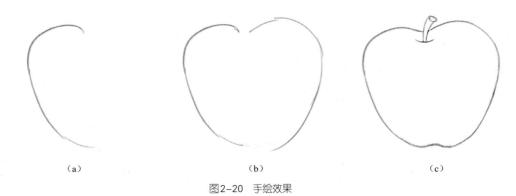

（a）　　　　　　　　　　（b）　　　　　　　　　　（c）

图2-20 手绘效果

2.1.3 绘制与上色

（1）起稿定型

运行Painter 2018，新建宽为1920像素、高为1080像素、分辨率为300像素的画布（图2-21）。按快捷键B键或工具栏中选择 ✎ （笔刷）工具，点击选择"简单"笔刷的"仿真2B铅笔"，设置大小为2像素，不透明度为70%，笔触渗透纹路为44%（图2-22）。

在图层面板点击 ⬚ （新建图层）创建图层，命名为"线稿"。在该图层绘制苹果造型，绘制时要合理安排画面构图，主要绘制苹果轮廓、投影、桌面空间等（图2-23）。

新建图层并命名为"背景"，在颜色栏选择淡蓝色（色彩参数R：178、G：165、B：143），使用油漆桶工具填充该图层作为背

图2-21 新建画布

景（图2-24）。新建图层并命名为"色彩"，选择"简单"笔刷中的"数位喷枪"为苹果绘制底色，对苹果的明暗部分加以区别，暗部绘制深红色（色彩参数R：133、G：77、B：65），亮部绘制以黄色（色彩参数R：203、G:174、B：96）、黄绿色（色彩参数R：161、G:156、B：96）为主（图2-25）。

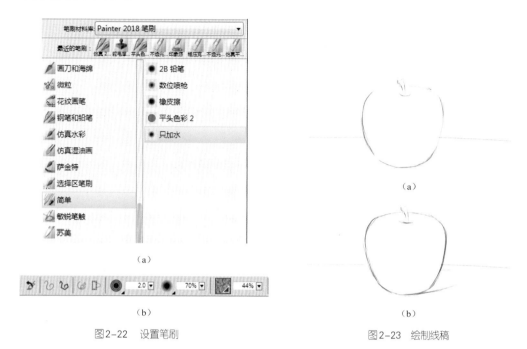

（a）

（b）

图2-22　设置笔刷

图2-23　绘制线稿

图2-24　填充背景

（a）　　　　　　　　　　　（b）　　　　　　　　　　　（c）

图2-25　铺设底色

（2）基础塑造

选择"简单"笔刷中的"平头色彩2"，调整大小为20，以小笔触刻画苹果，上色时要把握苹果造型的转面过渡和色彩融合（图2-26），从暗部转到亮度时，色彩的纯度和亮度不断提高，从暗部的深红色转到亮度的橙黄色，可以适当地添加绿色和蓝色进行调和，与真实的苹果色彩保持一致。

图2-26　绘制色彩

使用"平头色彩2"笔刷继续对苹果造型深入绘制，苹果蒂的绘制以深绿色（色彩参数R：50、G：46、B：48）和黄色（色彩参数R：93、G：92、B：72）为主，对苹果窝及苹果边缘进一步明确，以合理笔触和色彩过渡表现苹果窝的转面结构，使用墨绿色（色彩参数R：36、G：43、B：44）加深投影（图2-27）。

选择"简单"笔刷中的"只加水"（图2-28），调整笔刷大小为40，对苹果的笔触效果进行涂抹实现色彩的融合（图2-29），使色彩能够糅合在一起，尽量保持苹果造型的转面关系。

图2-27　深入刻画

图2-28　选择"只加水"笔刷

图2-29　融合色彩

小提示

　　"只加水"笔刷效果特殊，主要用于色彩融合，能将明显的笔触效果变弱，实现细腻的过渡效果。但是，如果过度使用该笔刷，会使得物体变"平"，不利于表现物体的体积感。

　　切换为"平头色彩2"笔刷，为提高苹果的色彩纯度和亮度，使用饱和度较高的色彩强化苹果的造型，苹果窝的位置使用深色（色彩参数R：160、G：160、B：160）加深暗部，亮部使用黄色（色彩参数R：244、G：217、B：149）提亮，绘制投影时适当添加红色（图2-30）。

（a）

（b）

图2-30　强化造型

（3）细节绘制

　　选择"简单笔刷"中的"数位喷枪"，调整笔刷大小为20，对苹果的细节边缘进行绘制（图2-31），实现细腻的色彩过渡效果，适当弱化细部的笔触。

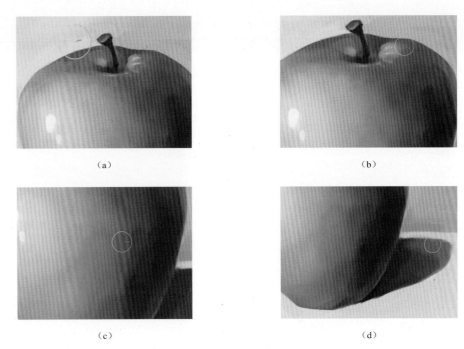

图2-31 细节绘制

  将笔刷切换为"平头色彩2"对苹果窝进行绘制，加深底部色彩，绘制苹果蒂的投影。对苹果蒂的结构予以强化，顶部的受光面以黄绿色为主（图2-32），并在边缘位置使用小笔触绘制高光效果，高光要少而精，不需要很大面积。

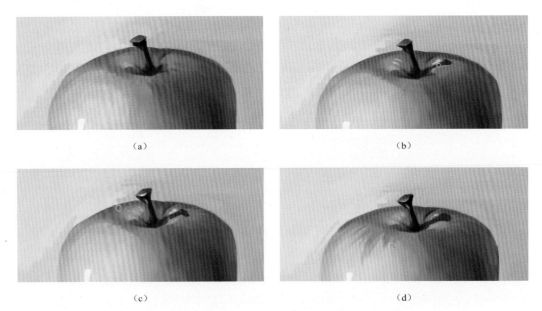

图2-32 绘制苹果窝、苹果蒂

  对苹果的细节纹路进行绘制，选择"平头色彩2"笔刷，设置大小为5，使用深红色绘制苹果细纹（图2-33），可以绘制多层，越往上色彩越鲜明，笔触越短促，表现出一定的层次关系。

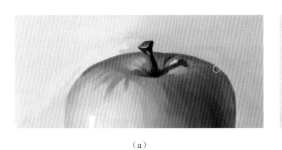 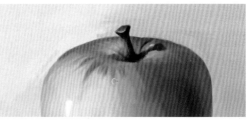

（a）　　　　　　　　　　　　　　　　　　　（b）

（c）

图2-33　绘制细纹

（4）画面调整

最后是质感效果的调整，即对画面进行整体效果的处理。使用大笔刷将画面空间和苹果投影进行虚实方面的调整，以突出苹果的作为画面中心的关系。最终效果如图2-34所示。

图2-34　最终效果

2.2　陶罐的绘制

陶罐在生活中较为常见，其形体类似于球体或圆柱体，符合"三大面五大调子"的基本规律，因此塑造起来相对容易，其难点在于细节的刻画，尤其是对陶罐与环境相影响部分的描绘，是表现其真实质感的关键。

2.2.1　绘制分析：质感与笔刷

陶罐与瓷器、玻璃器皿等不同，其高光不锐利，反光效果也不是很强，表面颗粒感较强。因此，绘制陶罐时，高光和反光要求仔细，但面积不能过大，要体现出画龙点睛的效果。塑造罐体时，整体的用笔要灵活多变，要能够表现出粗糙感，且笔触要清晰明确，使其更富有变化、更具美感。图2-35是使用Painter 2018绘制完成的陶罐案例，采用的是块面绘画技法。

图2-35　陶罐

本案例使用Painter 2018软件中"简单"笔刷的"数位喷枪"和"平头色彩2"，其中"数位喷枪"用于大面积的涂抹铺色，其边缘较为模糊，类似于喷枪的效果。"平头色彩2"笔刷类似于水粉画笔，笔触效果明显，适用于绘制质地较硬、表面不光滑、色彩鲜明的物体等。

2.2.2　绘制与上色

（1）起稿定型

运行Painter 2018，新建宽为2480像素、高为3508像素、分辨率为300像素的画布（图2-36）。点击画笔工具，选择"钢笔和铅笔"笔刷中的"仿真2B铅笔"，设置大小为20像素、不透明度为70%、流量为65%（图2-37）。

在图层面板点击 （新建图层）创建图层，命名为"线稿"，使用黑色在该图层绘制陶罐线稿（图2-38），绘制时以圆柱体为参考模型，主要绘制出陶罐的造型、投影、衬布等，合理安排画面的构图。

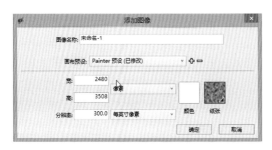

图2-36　新建画布

图2-37　设置笔刷

（a）　　　　　　　　　　　　　　（b）　　　　　　　　　　　　　　（c）

图2-38　绘制线稿

　　新建图层并命名为"背景"，选择熟褐色（色彩参数R：160、G：147、B：132），使用油漆桶工具填充图层（图2-39）。新建图层命名为"色彩"，选择"简单"笔刷的"数位喷枪"，调整笔刷大小为150、不透明度为80%，快速地为陶罐等铺设基本的明暗关系（图2-40），包括投影和桌面的明暗关系等，为后期的绘制提供参考。

（a）　　　　　　　　　　　　　　（b）

图2-39　填充背景　　　　　　　　　　　　图2-40　铺设明暗关系

（2）基础塑造

选择"简单"笔刷的"平头色彩2"，调整大小为80，选择土黄色（色彩参数R：199、G：126、B：80）和熟褐色（色彩参数R：142、G：113、B：102）为陶罐绘制基本色彩（图2-41），上色时要协调陶罐的转面过渡和色彩对比，从暗部转到亮部，色彩的纯度和亮度要适当提高。

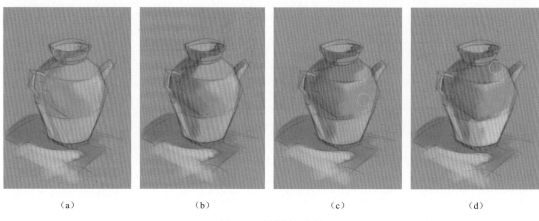

（a） （b） （c） （d）

图2-41 绘制基本色彩

使用"平头色彩2"继续对陶罐上色，以之前绘制的明暗关系和色彩关系为参照，选择较高纯度的橙黄色（色彩参数R：235、G：127、B：73）绘制受光面，对罐口结构使用小笔刷仔细绘制，要保证罐口透视的准确，罐口暗部使用熟褐色（色彩参数R：128、G：87、B：73）绘制，同时使用深蓝色（色彩参数R：107、G：119、B：114）和深灰色（色彩参数R：87、G：87、B：87）绘制衬布的亮面和暗面等（图2-42）。

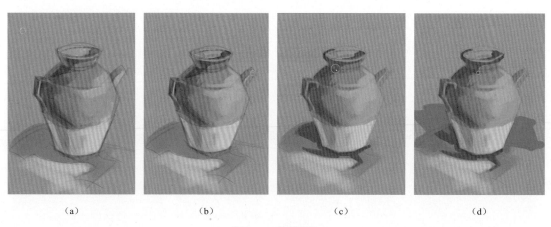

（a） （b） （c） （d）

图2-42 绘制色彩

继续提高色彩亮度和饱和度，强化明暗对比关系，暗部使用深熟褐色（色彩参数R：98、G：82、B：73），选择高饱和度的橙色（色彩参数R：235、G：127、B：39）绘制罐体上部亮面，对于过渡的位置可以按Alt快速拾取颜色绘制，罐体下部绘制以暖色为主，亮度较高。根据陶罐的造型绘制高光效，高光以点状为主，此时陶罐的色彩基本绘制完成（图2-43）。

（a）　　　　　　　　（b）　　　　　　　　（c）　　　　　　　　（d）

图2-43　提高色彩亮度和饱和度

（3）细节绘制

　　根据之前罐口的结构和体积关系，对罐口进行细节绘制，调整为小笔刷绘制罐口的明暗转面，罐口的厚度不能太厚，内部自光源方向从暗部过渡到亮部，高光呈现点状效果（图2-44）。

（a）　　　　　　　　　　　　　　　　　　（b）

（c）　　　　　　　　　　　　　　　　　　（d）

图2-44　绘制罐口

　　对陶罐罐体进行细节绘制，丰富罐体色彩。通过色彩塑造合理的转面关系和明暗关系，可以按Alt键快速拾取颜色进行绘制，仔细绘制罐体出水口和把手的结构，罐体下部绘制以暖色为主，暗部适当添加蓝色，与衬布色彩相关联（图2-45）。

　　使用大笔触绘制桌面衬布，衬布以蓝绿色（色彩参数R：105、G：140、B：123）为主（图2-46），与陶罐的橙色形成对比，根据光源的方向形成合理的明暗过渡，根据衬布的褶皱和起伏用笔，笔触要尽量灵活生动。

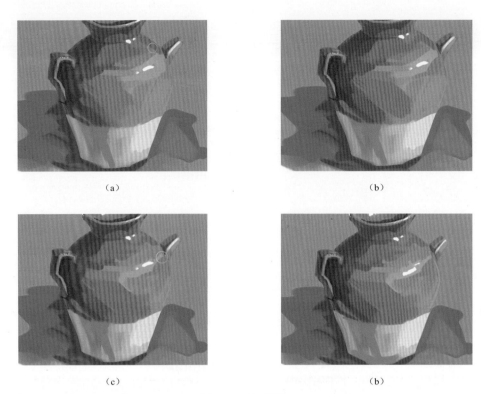

（a） （b）

（c） （b）

图2-45　绘制罐体

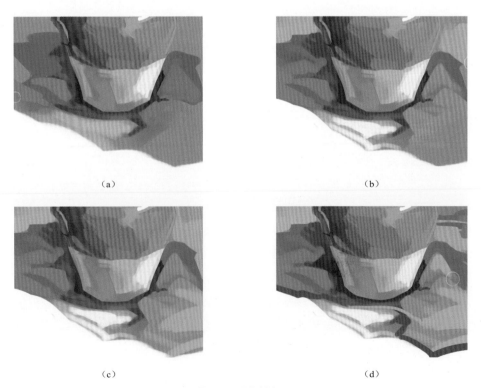

（a） （b）

（c） （d）

图2-46　绘制衬布

（4）画面调整

深入刻画之后就要对画面进行整体效果的处理，使用大笔刷进行投影和背景的合理性和虚实方面的调整，突出陶罐作为画面中心的地位。最终效果如图2-47所示。

图2-47 最终效果

2.3 金属器具的绘制

金属器具是数字绘画学习中的基础训练内容之一，它的塑造不同于其他物体，并不完全符合常规"三大面五大调子"的朴素规律。其本身受环境影响很大，有较强且多个真实的高光与反光。本案例讲解的是如何在数字绘画中使用Painter 2018进行金属器具绘制（图2-48）。

图2-48 刀具

2.3.1 绘制分析：绘画思路

金属与木料或者纸等材料不同，它的质感表面光滑，具有很强的反光性，质地细腻。绘制金属时重点要表现金属的质感。很多创作者在绘制时往往由于反光与高光的明度关系不协调导致金属器具缺乏立体感，质感描绘不准确。

在绘制时要理清思路，绘制金属器具时，先铺设底色，塑造基本的结构体积关系，再以明确的笔触表现高光和反光效果，高光效果要明亮整洁，反光区域要体现周围的环境，用笔要硬朗细致，通过强烈的明暗对比来表现金属的坚硬和光泽等。金属物体对周围物体的反射比陶瓷还要强烈，有些金属的材质像镜子一样，如不锈钢，反射效果极强。表现这一类物体的质感时，色彩变化不要太大，一般是在同类色里加大明暗变化，但反光部分色彩倾向要明确，绘制高光时用笔要肯定，注意与环境的结合，使画面色彩与内容完整统一。

2.3.2 绘制与上色

（1）起稿定型

运行Painter 2018，新建宽为1920像素、高为1080像素、分辨率为300像素的画布（图2-49）。选择画笔工具，点击选择"简单"画笔的"2B铅笔"，选择"徒手绘笔触"，设置其大小为2像素、不透明度为70%、粗糙程度为44%（图2-50）。

新建图层并命名为"线稿"。在"线稿"图层绘制刀具的线稿，使用线条塑造基本造型等（图2-51）。

图2-49 新建画布

图2-50 调整笔刷

（a）

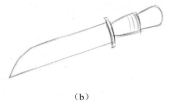

（b）

图2-51 绘制线稿

（2）铺设基本色彩

新建图层并命名为"背景"，选择淡蓝色（色彩参数R：132、G：178、B：197），使用油漆桶工具填充图层（图2-52）。新建图层并命名"色彩"，选择"简单"笔刷的"数位喷枪"，使用深红色（色彩参数R：96、G：70、B：55）绘制刀柄（图2-53），选择深蓝色绘制刀身，使用淡蓝色（色彩参数R：160、G：199、B：217）绘制刀刃，保持刀刃较高的亮度（图2-54）。

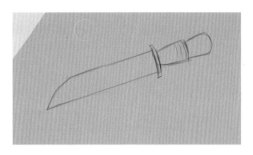

图2-52　填充颜色

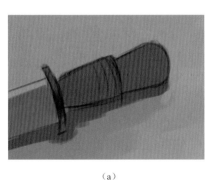

（a）

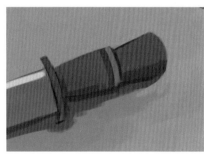

（b）

图2-53　绘制刀柄

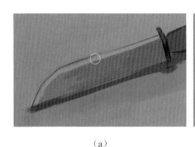

（a）

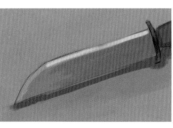

（b）

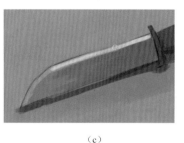

（c）

图2-54　绘制刀身

　　选择"简单"笔刷下的"平头色彩2"，调整大小为20，绘制刀柄。刀柄的材质为光滑的木质，上面套几个金属扣，木质的基本颜色是黄色，因为表面光滑，所以色彩鲜亮，有明显的高光和反光。刀具本身受整体环境的影响，以蓝灰色为主，投影颜色用深蓝色（色彩参数R：40、G：57、B：60）绘制（图2-55）。

　　使用笔刷绘制刀身，颜色以蓝灰色为主，可以适当添加一些环境色，如橙色、绿色等（图2-56），对于过于明显的笔触，选择"简单"笔刷中的"只加水"，将笔刷大小设置为40，对于刀身笔触进行涂抹（图2-57），融合笔触效果，使刀身能达到均匀的色彩过渡。保持刀刃的亮度，并绘制高光效果，金属高光要细长，线条要明确肯定。

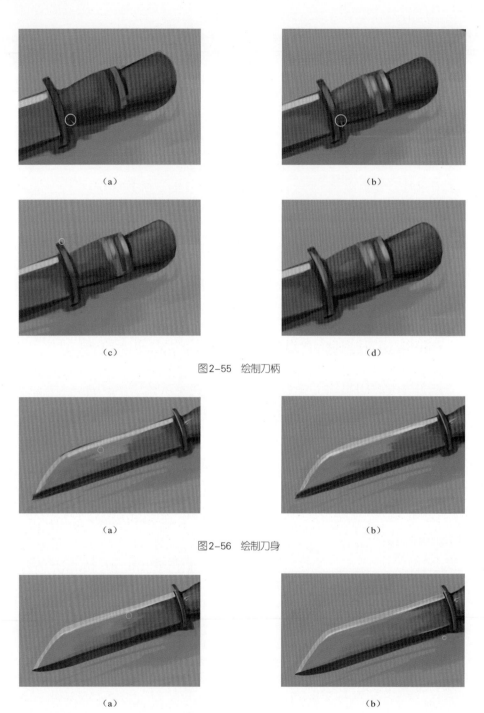

（a）　　　　　　　　　　　　　（b）

图2-55　绘制刀柄

（c）　　　　　　　　　　　　　（d）

（a）　　　　　　　　　　　　　（b）

图2-56　绘制刀身

（a）　　　　　　　　　　　　　（b）

图2-57　融合笔触效果

（3）绘制细节

　　使用"平头色彩2"继续对刀柄造型进行绘制，使用饱和度较高的橙色绘制刀柄，使用蓝色绘制刀柄的反光和高光。继续绘制金属环，以饱和度较高的颜色为主，提高金属环色彩的纯度和明暗对比，添加高光和反光效果（图2-58）。

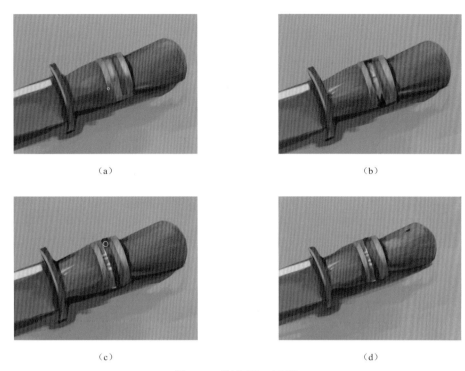

（a）　　　　　　　　　　　　　（b）

（c）　　　　　　　　　　　　　（d）

图2-58　绘制刀柄、金属环

　　丰富刀具的颜色，适当吸取刀柄的橙色绘制刀刃，使用明显的笔触在刀身上刻画硬朗的直线，表现金属的坚硬质感。在主工具栏选择 （亮化）工具，调整笔触大小，提高刀刃的亮度。细化反光效果的范围和亮度，可以加深高光、反光附近的颜色，强化金属质感的对比（图2-59）。

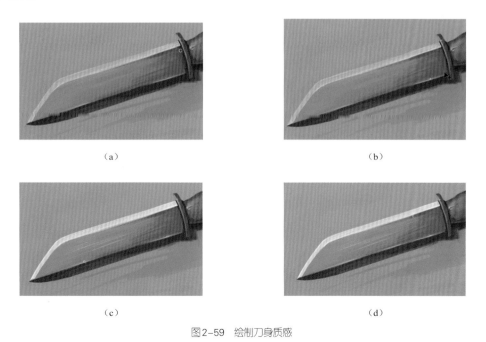

（a）　　　　　　　　　　　　　（b）

（c）　　　　　　　　　　　　　（d）

图2-59　绘制刀身质感

选择"简单"笔刷中的"数位喷枪",调整画笔大小,对刀柄细节和高光的细节进行调整。继续在刀身绘制直线线条,提升坚硬的质感,使用小笔触绘制细小的高光效果,丰富细节(图2-60)。

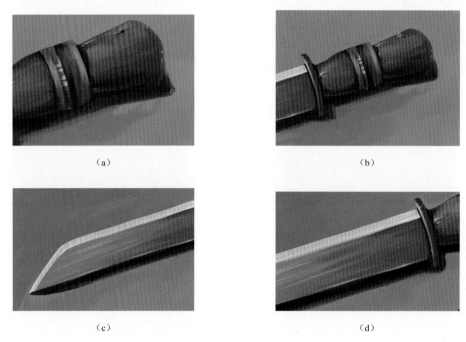

（a）　　　　　　　　　　（b）

（c）　　　　　　　　　　（d）

图2-60　丰富细节

（4）画面调整

深入刻画之后,就要进行质感效果的绘制了,之后再对画面进行整体效果的处理,使用大笔刷将几何体的投影进行合理性和虚实方面的调整,突出几何体作为画面中心的地位。最终效果如图2-61所示。

图2-61　最终效果

本章总结

　　使用 Painter 绘制静物，在熟悉工具和性能的同时，要重点表现出静物的质感，这与使用铅笔绘制几何体不同，不再单纯地使用线条塑造物体和空间。但是在使用软件时，不能过度使用笔触融合的效果，不然会使画面变"平"，缺乏体积感。通过细致耐心的操作可以实现比较好的效果，这就需要绘画者不断地熟悉工具，并具备一定的耐心。

实战练习

　　1.任选生活中的常见静物进行绘制，如酒瓶、花瓶、文具、摆件等，尝试通过笔触、图层等工具实现多种画面效果。
　　2.尝试绘制组合静物，如台灯与杯子、一套茶具、瓷器与水果的组合等。

Chapter
1

Chapter
2

Chapter
3

Chapter
4

Chapter
5

第3章

Painter 场景绘制

　　本章的主要内容是使用Painter 2018进行场景案例的绘制，分为自然场景和乡村场景。场景绘制涉及一些基本绘画原理，如透视、光源、色彩等。同时，在场景的绘制时需要掌握一些软件操作技巧，这样可以事半功倍，高质量地完成绘画。

　　场景与人物是构成一幅作品的基本要素，场景不单单是作为人物的陪衬，更是表现故事情节、烘托环境气氛、营造时空感的关键所在，优秀的场景绘制无疑也是独立的美学作品（图3-1）。在数字绘画中，场景作品是必不可少的绘制内容之一，场景绘制要求具有较高的创意思维和绘画基础。同时，软件技术的发展使得场景绘制时有许多便捷高效的技法。

图3-1　末日

3.1 场景绘制的构思

　　场景是造型艺术中除人物造型以外的一切物的造型，属于造型艺术的范畴。它的美感首先来自视觉审美，所以场景的绘制必须遵循视觉艺术审美的基本规律，一般视觉艺术的绘制要求也同样是场景绘制的要求。

　　场景绘制首先要符合作品设定的情境，即时间、地点、情节三要素。不论是作为独立的艺术作品，还是作为电影、游戏、动漫的分镜展示，不同的时间决定了场景绘制的光线和色彩气氛，不同的地点决定了场景内容的合理性，不同的情节决定了场景绘制作品立意表达和情绪渲染的准确性（图3-2）。

图3-2　地狱之火

　　设计者应从以下几个方面把握场景绘制。

　　① 塑造空间。场景绘制首先就是画得生动、逼真，尝试塑造真实的场景空间效果（图3-3）。在真实的场景中，由于光影和空气的流动，即使场景的景物不动，观众也能感到场景中

图3-3　角落

的立体、生机和动感。场景绘制就是在二次元空间里，创作者尽可能画出场景的深度和广度，塑造丰富的层次感、空气的流动感、光影的真实感，再配合以细节的处理，使观众在欣赏作品的时候感受到空间的丰富和生动，弥补动感的不足。

② 营造氛围。场景作品最适合表现时空环境氛围，这其中包含了写实、魔幻、超现实等多种题材，这是由绘画本身的艺术特点决定的，因为观看者希望在绘制作品中看到现实生活中无法看到的情景或者现象等，所以场景的绘制要将营造氛围、表现时空效果放在突出的位置，在时空展示、表现手法、视觉效果等方面根据不同题材的要求，尽可能地融入超现实因素，给予一定的情感传达和表现，以满足观众的审美心理期待（图3-4）。

图3-4　遗迹

③ 制造矛盾。通过复杂多变的场景空间创造出矛盾效果，是表达画面主题的重要手段。场景结构的复杂、立体、多变容易制造矛盾效果，这种矛盾可能是构图、色彩、情节等多个元素的矛盾。优秀的场景绘制能综合把握绘画中的各项元素，灵活地展示画面的矛盾点，最快地、最准确地传递出信息、突出主题，引发观看者的关注和思考，令其在丰富生动的视觉效果中，理解和解读创作者的意图（图3-5）。

图3-5　机械之城

此外，画面的空间结构是场景绘制的核心和重点，一切的物质造型表现都要建立在空间结构上，只有把握场景主体的构成、组合方法，创作丰富多变的空间造型，才能为塑造生动的场景气氛效果打好基础（图3-6）。要实现场景空间结构的合理把握和表现，就必须要掌握透视原理和规律等。

图3-6　秃山

透视原理和规律是为了满足反映客观事物的绘画需要而发展起来的，它们是视觉艺术从二维平面向三维空间推进的基本构架，是人类在经历了十分漫长的道路才总结出的科学方法，用来指引人们认识客观世界。当人们绘制景物时，由于站立的高低、注视方向、距离远近等因素，景物的形象常常产生不同的变化，这就需要相关的原理和规律来指导。透视原理和规律就是在平面上研究如何把人们看到的物象投影成形的法则，即在平面上进行立体造型的规律。透视原理和规律是对客观现象的理论总结，是科学的、严密的、唯一的。但在绘画实践中，创作者常常感到如果在电脑绘制中完全按照透视原理作画会有许多局限。其实，数字绘制与传统绘画一样，不能生搬硬套透视理论，要灵活把握和应用，尤其是Painter中提供了透视导线笔触等工具，这为参照透视原理去绘画提供了便利。绘画艺术中的透视规律，其根本之点还是为塑造艺术形象、传达绘画作品的主题思想服务。

3.2　案例：自然山谷

本案例是以晴朗天空下的空旷山谷为主题进行绘制（图3-7），使用的是写实绘制的方法。自然场景的绘制以符合大自然的客观景物为基础，首先要符合透视的原理和法则，其次要充分考虑光线、自然景观、环境氛围等各个要素，力求做到和谐统一。

图3-7 自然山谷

3.2.1 案例分析：绘制方法

在场景绘制中，最重要的就是空间结构的塑造，需要使用到透视原理和规律。因此合理地把握透视是创作者要思考的首要内容。本案例中使用了两点透视规律，画面的纵深由两个透视点构成，场景中的各个景观都要按照两点透视规律分布。

就整体绘制方法而言，本案例使用的是起稿后根据需要设置分层，然后直接上色的方法，即分层画法，这也是数字绘画最为常用的绘制方法之一。具体方法是，首先在画面中绘制线稿，然后使用笔刷或者钢笔工具对景物建立选区并分别创建图层，以主色调填充，再以笔刷细化场景效果、绘制事物细节等（图3-8）。对不同的事物采用逐步分层的方式绘制，通过叠加图层、合理布局，可以有效地提高绘制效率。本案例中包括作为主体场景的山谷和草地都以逐步分层叠加的方式绘制，河流和白云的绘制亦是如此（图3-9）。

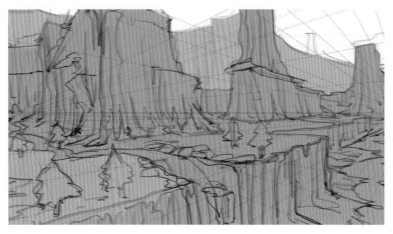

图3-8 钢笔绘制形状选区

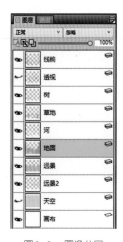

图3-9 图像分层

3.2.2　绘制与上色

（1）起稿定型

运行Painter 2018，新建宽3508像素、高2480像素、分辨率300像素的画布（图3-10）。在图层面板新建两个图层，分别命名为"透视"和"线稿"（图3-11）。

图3-10　新建画布

图3-11　新建图层

点击笔刷工具，选择"钢笔和铅笔"笔刷的"仿真2B铅笔"，设置为 （直线笔触），大小为20像素，不透明度为70%，流量为65%（图3-12）。在"透视"层上绘制2个消失点的透视图，该图层主要用来指导画面场景的透视关系（图3-13）。

图3-12　设置笔刷

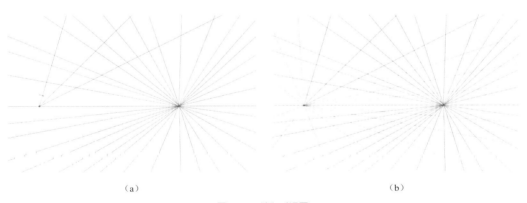

（a）　　　　　　　　　　　　　　　　　　（b）

图3-13　绘制透视图

小提示

在绘制直线时，笔触形式上可以选择 （直线笔触）。需要注意的是，选择"直线笔触"时，画笔绘制的直线是连续不间断的，在绘制透视点时可以通过画笔反复点击透视点来实现直线的发射。如果需要绘制单独直线，可以选择 （徒手绘笔触），在绘制时按住Shift键进行直线绘制。

在图层面板，将"透视"图层的不透明度设置为50%，将笔刷的笔触方式设置为 ✍ （徒手绘笔触），笔触大小为15。选择"草图"图层绘制山谷，绘制时要把握画面构图，以之前绘制的透视图作为参考，将山谷场景的纵深空间与透视线的走势相结合，形成符合透视规律的空间结构。在画面内容上力求丰富完整，场景中涉及高山、深谷、水流、植被、天空等，与真实自然场景的地貌基本吻合（图3-14）。

（a）　　　　　　　　　　　　　　（b）

图3-14　绘制线稿

（2）基础塑造

将"透视"图层隐藏，查看线稿效果。新建图层并命名为"地面"，选择 ✐（钢笔工具）在场景中绘制形状，形状的绘制与线稿尽量一致，绘制完形状并封闭。点击鼠标右键，在弹出的菜单中选择"转换为选择区"，选取颜色（色彩参数R：178、G：165、B：143），使用 ◈（油漆桶工具）填充该选区（图3-15）。新建图层并命名为"远景"（图3-16），将其放在"地面"图层的下方，同样使用钢笔工具绘制形状建立选区，并填充颜色（色彩参数R：192、G：184、B：172），效果如图3-17所示。

（a）　　　　　　　　　　　　　　（b）

图3-15　填充"地面"颜色

图3-16　新建图层

图3-17　填充"远景"颜色

　　新建"草地"图层，使用上面的方法创建选区并填充色彩（色彩参数R：169、G：188、B：112），效果如图3-18所示。同样，分别创建"河""天空""树"图层，并进行颜色填充（图3-19～图3-21），其中河色彩参数为R：255、G：255、B：255，天空色彩参数为R：165、G：215、B：229，树色彩参数为R：141、G：160、B：102。

　　选择"平头色彩2"，设置笔刷大小为45，选择"地面"，在该图层中绘制时点击图层面板的 ⬜（保存透明度）按键，避免在透明的位置留下笔触。使用土黄色（色彩参数R：213、G：182、B：141）提亮山峰、山谷的受光部分；使用熟褐色（色彩参数R：147、G:139、B：127）加深峡谷的背光面（图3-22）；使用黄绿色（色彩参数R：169、G:188、B：112）提亮草地受光位置，调整笔触大小，使用小笔触灵活绘制，绘制时要注意土地与草地的融合效果（图3-23）。

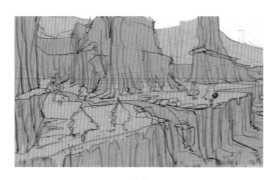

（a）

（b）

图3-18　填充"草地"颜色

图3-19　填充"河"颜色

图3-20　填充"天空"颜色

Chapter 1

Chapter 2

Chapter 3

Chapter 4

Chapter 5

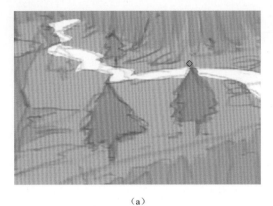
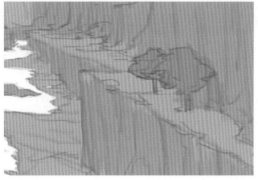

（a）　　　　　　　　　　　　　　　　　（b）

图3-21　填充"树"颜色

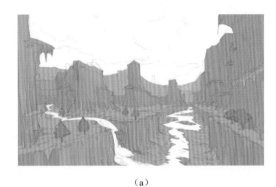

（a）　　　　　　　　　　　　　　　　　（b）

图3-22　绘制山谷

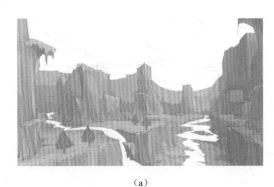

（a）　　　　　　　　　　　　　　　　　（b）

图3-23　绘制草地

小技巧

　　在图层面板的上方有三个按键，分别是 ▣（保存透明度）、▣（选择底色）、▣（不透明度），其中 ▣（保存透明度）按键具有保持原图层的透明区域的效果。点击该按键之后，图层的透明区域保持独立，不会被笔触覆盖（图3-24）。在使用分层绘画方式时，可以灵活地切换该按键，提高绘画效率。

（3）细节绘制

继续绘画山谷的细节，使用橙黄色（色彩参数R：230、G:199、B：141）提亮山谷受光面（图3-25），使用熟褐（色彩参数R：134、G:131、B：119）加深背光面，对于远处的山谷使用蓝色（色彩参数R：169、G:185、B：194）绘制反光效果（图3-26），通过冷暖色彩的对比能强化其空间关系，要注意笔触的融合和色彩协调。

绘制草地细节时，使用小笔触绘制，笔触要灵活生动。绘制时主要结合山谷的地形走势和光源朝向进行，同时要符合草地的生长规律和特点。绘制效果如图3-27所示。

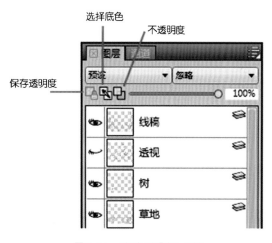

图3-24 "保存透明度"按键

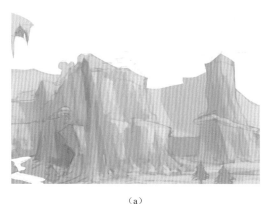

（a）

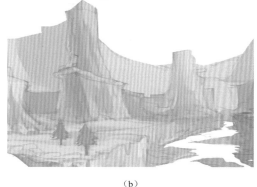

（b）

图3-25 绘制受光面

（a）

（b）

图3-26 绘制背光面

Chapter 1
Chapter 2
Chapter 3
Chapter 4
Chapter 5

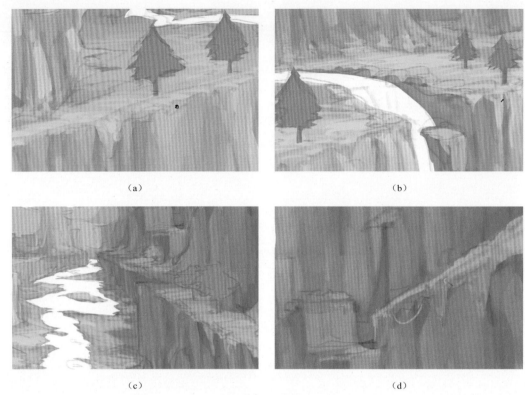

（a）
（b）
（c）
（d）

图3-27　绘制草地

　　选择"树"图层，绘制山谷中的树木，该案例属于远景，树木的绘制不需要过分注重细节，能体现出树木的转面关系，使其具有一定的体积感即可（图3-28）。

（a）
（b）

图3-28　绘制树

　　选择"白云"图层，使用"数位喷枪2"笔刷，设置大小为130、透明度为70%，选取白色，根据之前的线稿，把握用笔的压感和力度绘制白云，保持白云透明效果，可以一层层地绘制，逐渐明确白云的边缘和厚度（图3-29）。

　　为了呼应整个环境，选择"河"图层，绘制河流中天空和白云的反射效果（图3-30）。同时，对河水的流动效果进行表现，水流的笔触要根据地形的走势和动态绘制，用笔要明确肯定，溅起的水花可以采用点画法使用小笔触进行，以便显得生动有趣（图3-31）。

（a）　　　　　　　　　　　　（b）

（c）

图3-29　绘制白云

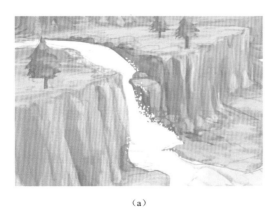

图3-30　绘制河流的反射效果

（a）　　　　　　　　　　　　（b）

图3-31　绘制水流

选择"远景"图层，使用大笔刷对图层绘制出色彩效果（图3-32），该图层的山峰处于远景中，主要作用是烘托景观，色彩饱和度不能太高，要能够与天空、白云等融合于远景中，图层的排列顺序如图3-33所示。

图3-32　绘制远景

图3-33　图层排列顺序

图3-34　添加图层遮罩

选择"线稿"图层，点击图层面板下面的 ⬤ （添加图层遮罩）工具（图3-34），在遮罩中使用黑色将水流、天空等位置擦除（图3-35），此时，画面"线稿"中的笔触会被隐藏。

对画面进行整体效果的细节处理，主要是使用大笔刷将场景氛围进行合理性和虚实方面的调整，体现场景的纵深空间。最终效果如图3-36所示。

（a）

（b）

图3-35　绘制草稿

图3-36　最终效果

3.3　案例：生活场景

　　该案例以生活中的窄巷作为创作主题进行绘制（图3-37），使用的是写实绘制的方法。相对于以远景为主的自然场景，生活场景主要以中景或者近景为主。作为场景绘制的一个分支，生活场景的绘制也要符合透视的原理和规律，还要充分考虑光源、生活景观、环境氛围等要素，尤其是光源对色彩的决定作用，力求做到光源与色彩的和谐统一。

3.3.1　案例分析：色彩与光源处理

　　色彩与光源是不可分离的，同一个物体的色彩，由于光源的存在与变化而千差万别。在绘画时，物体本身的色彩即物体的固有色，只是一个相对的概念，它的色彩主要是由光源决定的。光源的变化受到自然界中季节、时间、气候、地域等因素的影响，色彩会呈现出丰富多彩的面貌。这对于激发创作者内心的绘画热情和想象力，并将这种情感借助事物表达出来是十分重要的。只有理解了色彩

图3-37　生活场景

与光源的关系，在创作时才能灵活处理画面。

　　本案例绘制的是正午的窄巷场景。因为是正午时间，阳光强度较大，光线明亮而稳定，场景中的墙面等在光线照射到的部分以暖色为主，背光的部分则是以冷色为主，这与人体感官的感受相一致。体现在色彩关系的分析上，越强烈的阳光，其照射后的物体就会越暖，如本案例中的墙面，在色彩处理上受光线照射的亮部可以画成暖黄色，而墙面的背光或者阴影等位置，可以处理成偏蓝灰或者浅紫的色调，整体呈现出冷灰色调。这也可以理解成一个创作规律，即光源决定了色彩的冷暖对比，物体的受光部暖，暗部就冷，受光部冷，暗部就暖，这样在色彩的调和上就可以准确把握住方向，从而正确处理画面的色彩关系。

3.3.2　绘制与上色

（1）起稿定型

　　运行Painter 2018，新建高为3508像素、宽为2408像素，分辨率为300像素的画布（图3-38）。

图3-38　新建画布

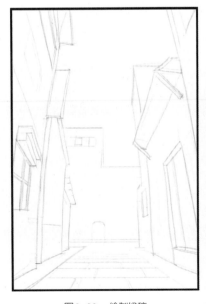

图3-39　绘制线稿

　　在图层面板新建图层，命名为"草稿"。点击笔刷工具，选择"钢笔和铅笔"笔刷的"仿真2B铅笔"，大小为20像素，不透明度为70%。在"线稿"层上绘制场景线稿，绘制时要正确处理透视关系。该场景属于中景，画面呈仰视状态，因此画面中的两个消失点一个在画面正前方，一个在画面的上方，所有物体的结构都要参照消失点绘制。在画面内容上力求丰富完整，注意平时要仔细观察生活场景中的元素，绘制时才能与真实生活的场景相吻合（图3-39）。

（2）基础塑造

　　根据之前案例的分层绘制方法，开始对画面进行分层并填充色彩。新建图层并命名为"右边墙1"，选择　（钢笔工具）在场景中绘制形状并封闭。点击鼠标右键，在弹出的菜单中选择"转换为选择区"，选取蓝紫色（色彩参数R：111、G：112、B：134），使用油漆桶工具填充该选区（图3-40）。新建图层并命名为"右边墙2"（图3-41）"右边墙3"（图3-42），放在"右边墙1"图层的下方，同样使用钢笔工具绘制形状建立选区，并分别填充颜色（"右边墙2"色彩参数R：131、G：132、B：149，"右边墙3"色彩参数R：139、G：147、B：159）。

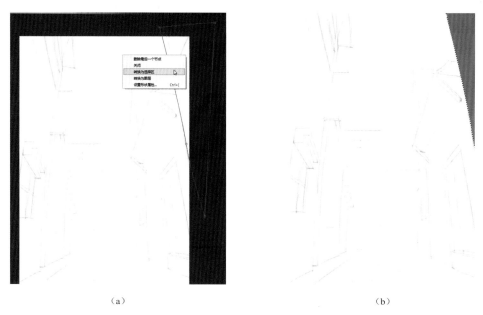

（a）   （b）

图3-40　填充"右边墙1"颜色

图3-41　填充"右边墙2"颜色　　　　　图3-42　填充"右边墙3"颜色

　　分别创建"左边墙1""左边墙2""左边墙3"图层，使用上面的方法创建选区并填充色彩（左边墙1色彩参数R：106、G：122、B：129，左边墙2色彩参考R：128、G：151、B：162，左边墙3色彩参数R：149、G：165、B：175），效果如图3-43所示。

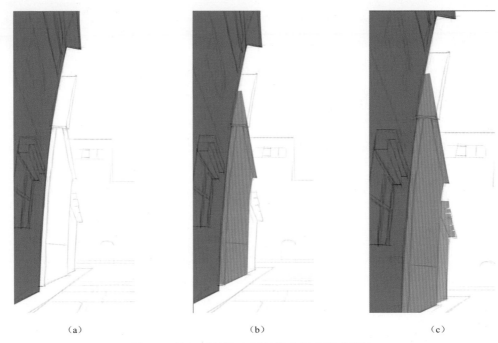

（a）　　　　　　　　　　（b）　　　　　　　　　　（c）

图3-43　填充"左边墙1""左边墙2""左边墙3"颜色

　　同样，分别创建"地面""远墙"图层并进行颜色填充（"地面"色彩参考R：118、G：126、B：129，"远墙"色彩参数R：236、G：233、B：210），效果如图3-44、图3-45所示。

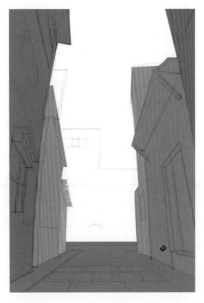

图3-44　填充"地面"颜色

图3-45　填充"远墙"颜色

　　创建图层"右边墙1窗户"，按Shift键，选择"右边墙1""右边墙1窗户"两个图层，再点击图层面板的 ▨（图层指令）按钮，在弹出的选项中点击"群组图层"，组命名为"右边墙1"（图3-46），以同样的组命令建立组，命名为"右边墙2"（图3-47）。

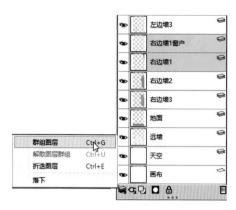

图3-46 创建"右边墙1"组   图3-47 创建"右边墙2"组

打开组"右边墙2",在组内创建图层并命名为"右边墙2门",使用之前的方法创建选区并填充红色(色彩参数R:167、G:109、B:88),创建图层并命名为"右边墙2门框""右边墙2屋檐""右边墙3窗户",将三个图层都填充蓝灰色(色彩参数R:87、G:87、B:90),效果如图3-48所示。

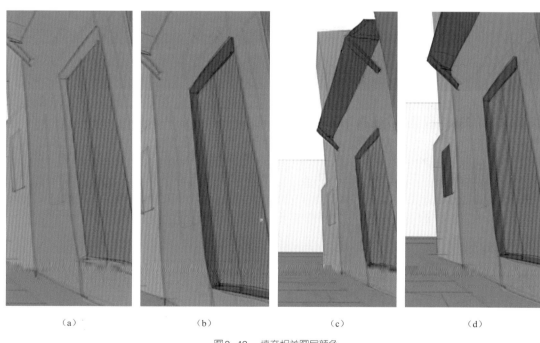

(a)   (b)   (c)   (d)

图3-48 填充相关图层颜色

使用同样的方法对"左边墙1"建立组,创建窗户、窗户屋檐、窗户框、窗户玻璃、牌匾、广告牌等多个图层,并进行颜色填充(图3-49)。

在"远墙"组新建"远墙门"图层(图3-50),填充红色(色彩参数R:187、G:132、B:116),新建"远墙窗户"图层,填充蓝灰色(色彩参数R:104、G:119、B:131)(图3-51)。在"地面"组新建"地面两边"图层,填充紫灰色(色彩参数R:103、G:108、B:109)(图3-52)。

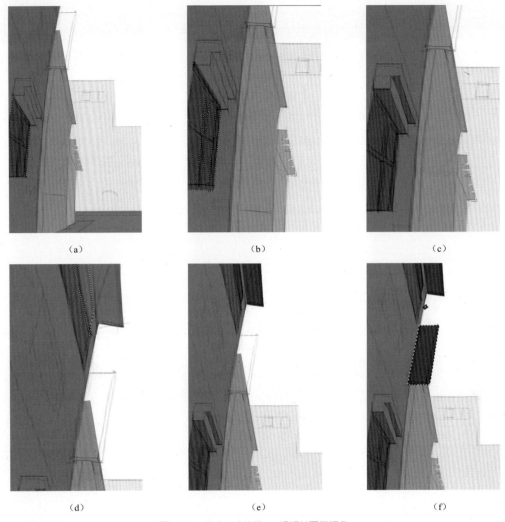

（a）   （b）   （c）

（d）   （e）   （f）

图3-49　填充"左边墙1"组相关图层颜色

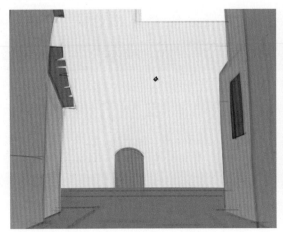

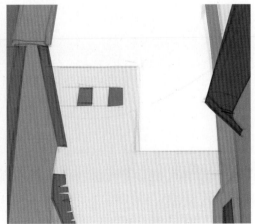

图3-50　填充"远墙门"图层　 图3-51　填充"远墙窗户"图层

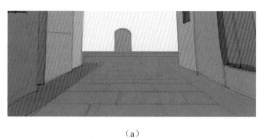

（a）　　　　　　　　　　　　　　（b）

图3-52　填充"地面两边"图层

在"天空"组新建"天空"图层，填充蓝色（色彩参数R：213、G：249、B：255），新建"云"图层，选择笔刷绘制白云效果（图3-53）。

（a）　　　　　　　　　　　　　　（b）

图3-53　绘制白云

小提示

本案例中的图层分布较为复杂，要灵活使用"群组图层"命令，将相关的图层建立分组，并按照合理的顺序叠加。在后期的绘制过程中，要合理使用图层面板的 （保存透明度）按键，加快绘制效率，提高绘画质量。

在大色调铺设完成之后，需要设计光源的方向，提亮光照的位置，与背光的位置相区分。选择"平头色彩2"，设置笔刷大小为75，选择"地面""右边墙2""右边墙3""远墙"图层。在绘制图层时，点击图层面板的 （保存透明度）按键，避免在透明的位置留下笔触，使用淡黄色（色彩参数R：233、G：233、B：205）提亮受光部分（图3-54）。

（a）　　　　　　　　　　　　（b）　　　　　　　　　　　　（c）

图3-54　绘制光源效果

（3）深入刻画

明确光源方向之后，就可以深入刻画场景。对墙面进行绘制，使用小笔刷灵活用笔，绘制"左边墙1"组的相关图层的破损、裂纹效果（图3-55）。

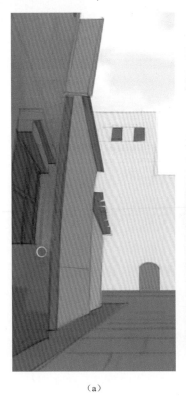

（a）　　　　　　　　　　　　（b）　　　　　　　　　　　　（c）

图3-55　绘制"左边墙1"组的细节

绘制"地面"的地砖和水渍，加深地砖的边缘位置，绘制水渍的基本效果（图3-56）。

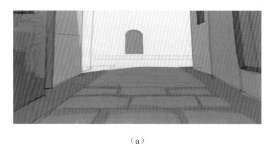
（a）

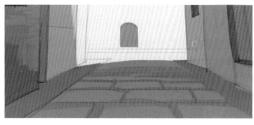
（b）

（c）

图3-56　绘制地砖和水渍

　　对"右边墙"组的相关图层进行绘制，首先绘制"右边墙1"图层的墙面，绘制时要表现墙面自上而下的光线变化（图3-57）。同样，绘制"右边墙2"图层，首先绘制屋檐的阴影，虽然处于暗部，但是由于光线的反射、折射的影响，屋檐仍有明显投影，绘制墙面时自上而下逐渐变暗，以表现光源的传递和空间的距离感（图3-58）。

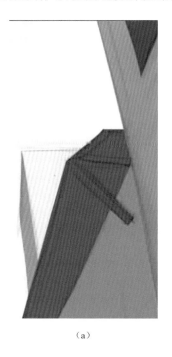
（a）

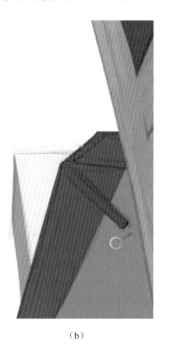
（b）

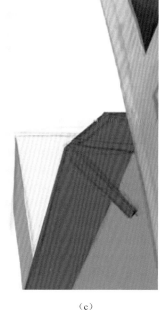
（c）

图3-57　绘制"右边墙1"

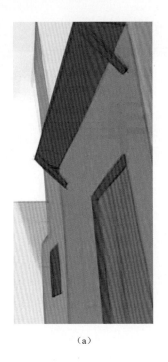 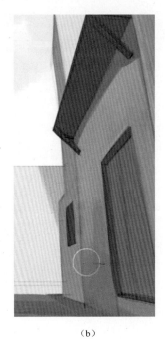 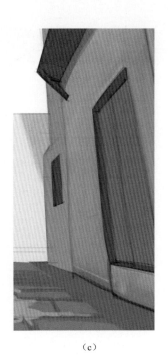

（a）　　　　　　　　　　（b）　　　　　　　　　　（c）

图3-58　绘制"右边墙2"

　　新建图层并命名为"对联"，使用钢笔工具绘制形状并填充红色（色彩参数R：167、G：109、B：88）（图3-59），选择"钢笔和铅笔"笔刷的"涂鸦笔"，设置大小为8，绘制"对联"中的文字（图3-60）。

　　设计屋檐的光源效果，屋檐受光源照射的位置用红色绘制，以暖色为主，暗部用蓝色绘制，以冷灰色为主，表现出冷暖对比的变化（图3-61）。

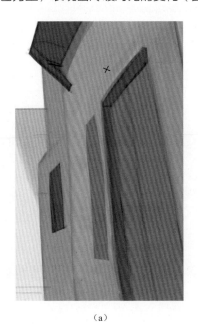 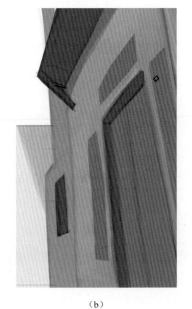

（a）　　　　　　　　　　　　　　　（b）

图3-59　创建"对联"图层

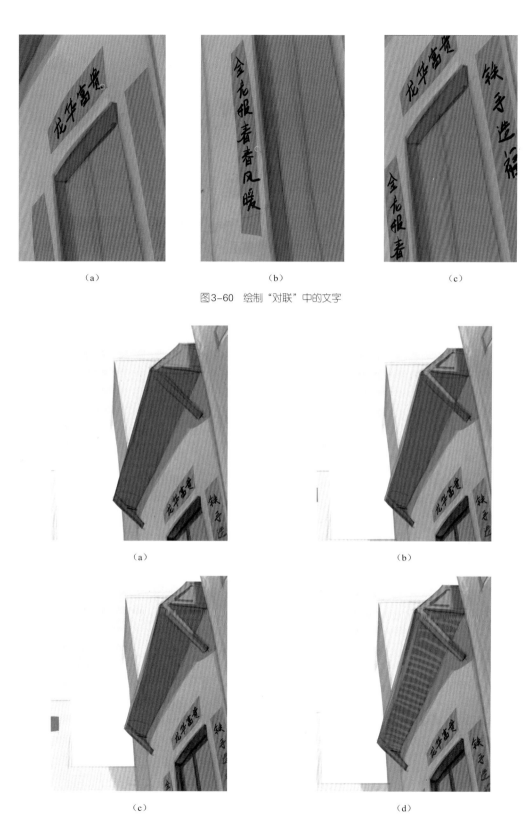

（a） （b） （c）

图3-60 绘制"对联"中的文字

（a） （b）

（c） （d）

图3-61 绘制屋檐

（4）细节绘制

对画面的中各个图层进行细节绘制。选择"左边墙1"图层，使用小笔触绘制墙面的字刻（图3-62）、匾额（图3-63）、广告牌（图3-64）等景物。这些物体属于建筑的附属物，需根据画面的透视关系进行虚化，但要把握光源方向，绘制出主要的明暗关系和体积感。

（a）
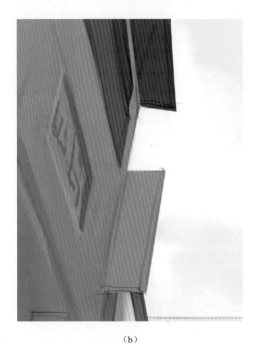（b）

图3-62　绘制字刻

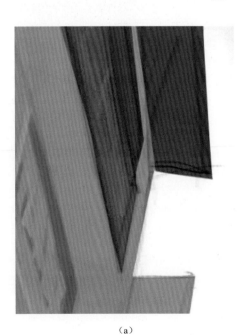（a）
（b）

图3-63　绘制匾额

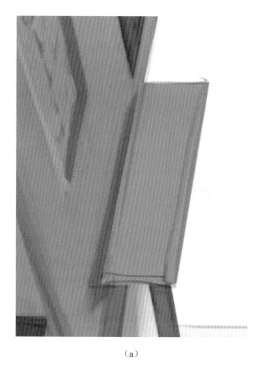

（a）　　　　　　　　　　　　　　（b）

图3-64　绘制广告牌

　　窗户位于画面的中间，需要仔细刻画，首先绘制窗框的投影，其次提亮窗框的亮面，然后绘制玻璃。根据屋檐和窗框的投影以及光源的距离变化，玻璃自上而下可以逐渐变亮，以表现出距离感（图3-65）。

　　绘制"左边墙2"细节，使用大笔刷细化阴影部分（图3-66），加深墙壁之间的暗部。绘制一些墙壁的裂缝、细纹等，绘制时用笔要灵活，先绘制深色，然后再进行提亮，裂缝等细节要与墙壁能融合一起，不能过于突兀（图3-67）。

（a）　　　　　　（b）　　　　　　（c）　　　　　　（d）

图3-65　绘制窗户

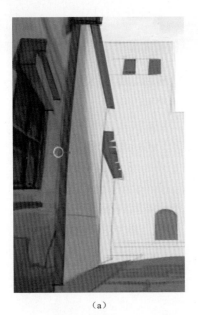

(a)

(b)

图3-66 绘制"左边墙2"细节

(a)

(b)

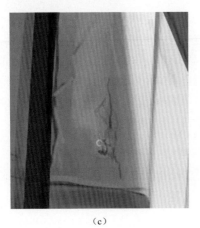

(c)

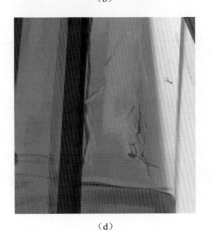

(d)

图3-67 绘制裂缝、细纹

绘制"右边墙2",载入"屋檐"选区,使用笔刷加深屋檐的明暗对比,强化结构效果,进一步优化屋檐的投影面积(图3-68)。

选择"简单笔刷"中的"数字喷枪",笔刷大小为100,对春联的部分位置虚化,同时使用小笔刷绘制春联的阴影(图3-69)。

绘制"右边墙2"的门框和门,加强门框和门的明暗对比,同时绘制门框内的反光效果(图3-70)。

绘制墙面的砖块和门槛的细节效果,绘制方法与墙壁的裂缝类似,主要是强化大的明暗关系,使之与墙面能融合在一起(图3-71、图3-72)。

（a）

（b）

图3-68　绘制屋檐细节

（a）

（b）

（c）

图3-69　绘制春联细节

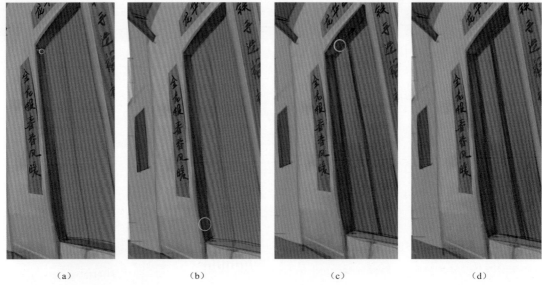

（a）　　　　　　　　（b）　　　　　　　　（c）　　　　　　　　（d）

图3-70　绘制"右边墙2"细节

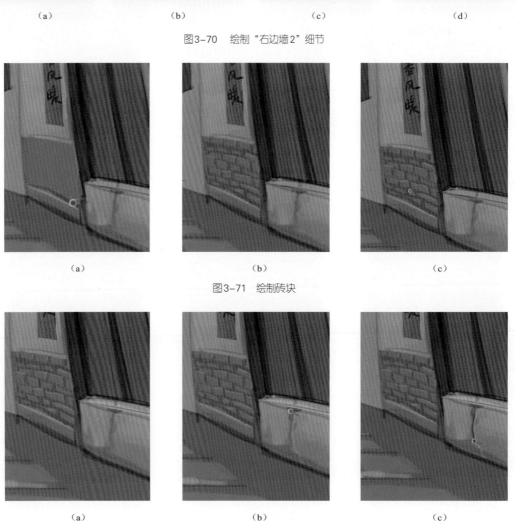

（a）　　　　　　　　　　（b）　　　　　　　　　　（c）

图3-71　绘制砖块

（a）　　　　　　　　　　（b）　　　　　　　　　　（c）

图3-72　绘制门槛细节

绘制"右边墙3"细节，"右边墙3"位于画面的远端，绘制时要适当弱化对比（图3-73）。

选择"地面"图层，强化近处地砖的明暗效果和细节，越往远处对比效果越弱。注意光源对远处地砖色彩的影响，要适当加强反光效果（图3-74）。

绘制"远墙"的各个图层，远墙主要受到阳光照射，色彩明亮，以暖色为主，绘制时应虚化笔触效果。绘制门和窗户的结构关系，它们的投影要根据结构来绘制（图3-75～图3-77）。

（a）　　　　　　　　　　　　　（b）　　　　　　　　　　　　　（c）

图3-73　绘制"右边墙3"细节

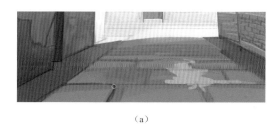 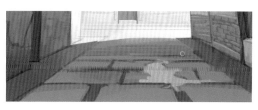

（a）　　　　　　　　　　　　　　　　　　　（b）

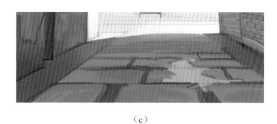

（c）

图3-74　绘制地砖

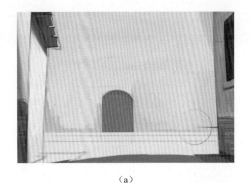

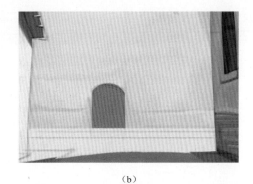

图3-75　绘制远墙细节

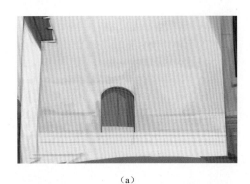

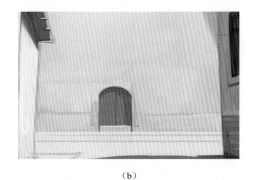

图3-76　绘制门细节

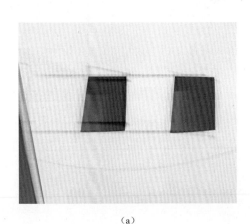

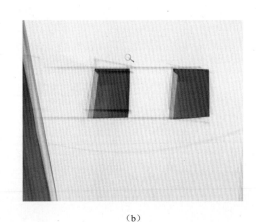

图3-77　绘制窗户细节

　　在对当前画面的细节绘制完成后，新建图层绘制楼房之间的晒衣绳（图3-78），用钢笔工具绘制衣服、床单等形状并进行颜色填充（图3-79）。

　　根据画面的空间关系，使用笔刷对衣服、床单等适当虚化，表现出光源对事物色彩的影响（图3-80）。

　　对画面进行整体效果处理，将"线稿"图层的模式调整为"正片叠底"，并降低透明度，使用大笔刷对场景氛围进行合理性和虚实方面的调整，体现场景的纵深空间。最终效果如图3-81所示。

（a）　　　　　　　　　　　　　　（b）

图3-78　绘制晒衣绳

（a）　　　　　　　　　　　　　　（b）

图3-79　绘制衣服

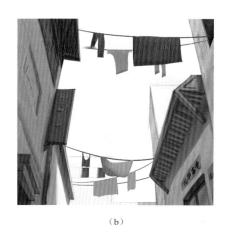

（a）　　　　　　　　　　　　　　（b）

图3-80　绘制衣服细节

图3-81　最终效果

本章总结

　　使用Painter进行场景绘制，除了要掌握绘制场景的透视原理和规律、色彩与光源的关系等，还要能熟悉软件的相关功能和基本的绘制方法，例如"保存透明度"工具等、"分层叠加"绘制方法，绘制时要重点表现出场景的空间效果和光源对色彩的决定作用。当然，通过细致耐心的操作可以实现比较好的效果，这就需要绘画者后期的勤加练习。

实战练习

　　1.使用Painter绘制有主题的场景，如幽暗的山谷、辽阔的草原、林中的小屋、自己的宿舍等。
　　2.选择一个场景绘制详尽的素描稿，尝试使用软件调色绘制成彩色气氛图，准确表现场景的透视关系、空间效果、光源对色彩的影响等。

第4章

Painter 人物绘制

　　本章的主要内容是使用Painter绘制人物。本章节案例包括人物头像、人体、写实人物等几个部分。人物的绘制要求掌握人体结构的相关知识，在绘制时要能表现出人体的动态、透视、神态与个性特征等。想要达到这些效果，依赖于敏锐的观察和长期的训练，创作者要不断总结经验，并进行大量的绘画练习才能实现。

　　通过前几章的铺垫，本章开始进入人物的绘制。不同于静物绘制，写实人物需要准确把握人体的比例、动态、透视关系，头、颈、肩、躯干、腿等结构的动态关系，人体的主要骨点、肌肉、五官等的位置，认识光影对塑造人物形象起到的作用，并掌握一些人物写实绘画的基本方法，才能准确、生动地再现对象的形体特征、形象气质、精神面貌等（图4-1）。

　　人体的结构复杂，形态各异，但是只有透过表面特征，理性分析体面和结构的关系，透彻理解这些复杂形体，才能为下一步的绘画学习打下坚实的基础。人物写实综合起来是由头像、胸像、半身像、全身像四阶段的写实训练组成，每个阶段的要求不一样，但从整体到局部、从局部再回到整体这一方法是不变的，多训练、多研究、多比较，方能一步步地取得进步。

（a）　　　　　　　　　（b）

图4-1　人体绘画

4.1 头像与五官的绘制

头像及五官的绘制是人物写实训练的第一阶段，在进行绘画前必须对人体头部的结构和特征进行分析和学习。在理解头像体面关系的同时，还要加强结构意识，因为结构是支撑整个形体的框架。头像学习的基础阶段可以将骨骼与肌肉之间的关系，头、颈、肩的关系和形与形之间的关系，以结构素描的形式加以归纳和概括，这样有利于提高归纳能力，快速掌握人体头部的结构特点。

4.1.1 头像的轮廓与体感

人体头部结构复杂，体块关系、肌肉解剖、五官结构等是写实头像必须解决的课题。缺少对人体结构的理解和研究，写实头像就会变得表面、薄弱、不真实、不生动。在绘制写实人物头像时，可以与平时的素描头像训练结合起来，始终把形体结构放在首位（图4-2）。

（a）   （b）

图4-2　头像绘画

头部的骨骼构架可以理解成一个球体，由额、颧、上下颌、腮等几个部分组成。这几个部分共同组成了人的头部形态，形成了不同的脸型特征。这些脸型大致可以概括为八种基本类型，即申、甲、国、田、日、用、由、风。五官依附于头部，是把握人物面部特征的关键内容。在绘制五官时，一般遵循"三庭五眼"的比例关系，即发际至眉、眉至鼻底、鼻底至下巴三段基本相同，称为"三庭"；脸部正面最宽处为五个眼的宽度，即两眼间距为一眼，两眼外至两耳分别为一眼，称为"五眼"；眼通常位于头部正中1/2处（图4-3）。

人体头像的轮廓与体积感表现要从以下几个要点出发。

① 从大体积着眼。五官和头发是头部重要的表现内容，但这些局部因素必须服从和附着于头部的大体积，必须时时关注这两者的关系。头部体积以球体为基本模型，五官和头发的分布要符合球体的转面关系。同时，头部体积的塑造必须特别注意几个骨点：顶结节、额丘、眉弓、颧骨、颏结节等（图4-4）。

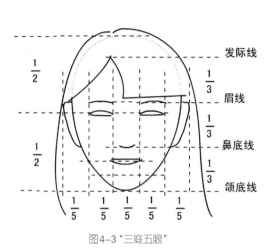

图4-3 "三庭五眼"

图4-4 头像写生

② 动态与透视。头部动态的准确把握依赖于对其透视变化的正确理解。可将眉弓、鼻、口视为三条水平线，将眉心、人中、下颌尖视为与这组水平线垂直的中轴线，它们共同组成头部的动向线，创作者应通过观察它们在运动中的透视变化来把握动态。

③ 神态与个性特征。神态与个性特征是头像表现中与精神内容相关的部分，要保证它们的鲜活生动，依赖于对"形"的把握和理解，即"以形写神，富神于形，形神兼备"。而对形的把握，依赖于敏锐的直觉和长期的训练，在这方面要不断总结经验并进行大量的练习。

④ 各部位的质感表现。与石膏头像不同，人体头部的各部位是有质感差异的，比如头发，是丝状光洁的；鼻子，尤其是鼻头是蜡质的；嘴，多皱皮、质薄；眼睛，明亮透明，这几个部分都因质感而易产生高光。敏锐地感觉和表现各个部位的质感特点，会使画面表现效果更具体、生动。

下面结合案例展示头像的轮廓与体积感的塑造。

① 运行Painter 2018，新建宽为2480像素、高为3508像素、分辨率为300像素的画布（图4-5）。在图层面板新建图层，命名为"线稿"。点击画笔工具，选择"钢笔和铅笔"中的"仿真2B铅笔"，设置合理的笔刷大小。

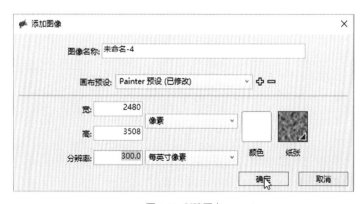

图4-5 新建画布

② 使用笔刷绘制基本的头部体积，根据面部的动态线和"三庭五眼"的规律依次绘制出眼睛、鼻子、嘴巴、耳朵、头发的大致位置，可以通过绘制多条参考线辅助，按照由整体到局部、由大到小的步骤，不断地修改线稿获取正确的头部造型（图4-6）。

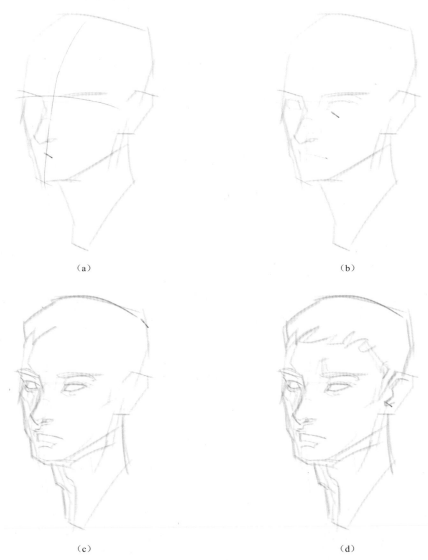

（a）　　　　　　　　　　　　　　　　（b）

（c）　　　　　　　　　　　　　　　　（d）

图4-6　绘制基本造型

③ 确定基本的头部造型后，绘制额丘、眉弓、颧骨、颏结节等几个骨点位置。随后参考骨点位置，继续细化面部五官。眼睛和眉毛，鼻梁、鼻头和鼻翼，嘴唇和嘴角等几个主要部分的位置关系是决定面部特征的关键，绘制时通过线条表现结构，透视关系要严谨合理（图4-7）。

④ 对五官中的眼睛、鼻孔、嘴角、耳蜗等细节进行绘制，要能够与面部大的体积关系融合，又能表现五官的独特性（图4-8）。回归整体，把握头部的透视关系，以线条的分布结合一定的明暗调子强化头部的体积和转面关系，保证头部的五官结构和体积感的合理、准确（图4-9）。

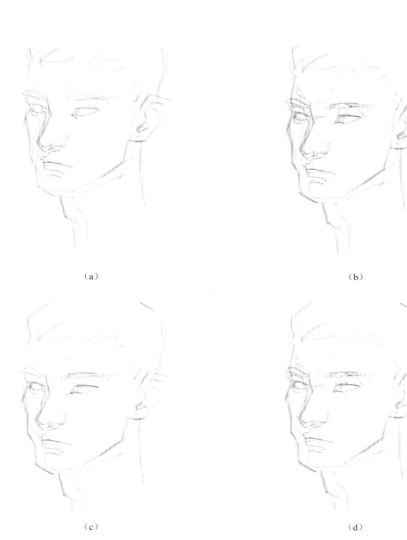

（a）　　　　　　　　　　　　　　　　（b）

（c）　　　　　　　　　　　　　　　　（d）

图4-7　绘制五官

（a）

（b）

图4-8　强化头部体积

图4-9　最终效果

4.1.2　人物头部绘制与上色

　　本案例绘制的是青年男子头像。青年男子的特点是结构相对清晰，五官轮廓明显，但亚洲男子的五官立体感普遍要弱于欧洲男子，这是由人种特征决定的。另外，画面处理上不可面面俱到，要注意主次、虚实关系。本案例由于光源方向和男子面部角度的原因，使得在深入刻画受光位置的时候不容易把握，整个侧脸都处于亮面，但要求将体积关系和五官部分刻画得深入细腻，既不能将结构刻画得太明显，又不能看不出结构，要将角色特征和画面美感处理好（图4-10）。另外，人物头像的刻画要求把握好细腻的画面色调，色调在画面中的处理不仅关系画面整体的黑白灰关系、皮肤质感的刻画，也决定了角色的肤色和结构体积关系等。

图4-10　人物头部

（1）起稿定型

运行Painter 2018，新建宽为2480像素、高为3508像素、分辨率为300像素的画布（图4-11）。选择画笔工具，点击选择"钢笔和铅笔"笔刷中的"仿真2B铅笔"，选择"直线笔触"，设置大小为20像素、不透明度为70%、流量为65%（图4-12）。

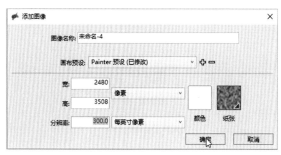

图4-11　新建画布

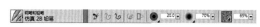

图4-12　设置画笔

新建图层并命名为"线稿"，使用笔刷绘制头像的基本轮廓，参照"三庭五眼"的理论，面部五官的位置由"十字线"标示，基本确定了人物头像的透视和动态关系（图4-13）。

（a）　　　　　　　　　　　　　　　　　　　（b）

图4-13　绘制基本轮廓

根据前面的"十字线"参考线，进一步细化线稿，绘制时要注意头像和五官的比例和动态关系，眼睛、颧骨、嘴巴等位置的透视要准确绘制（图4-14）。

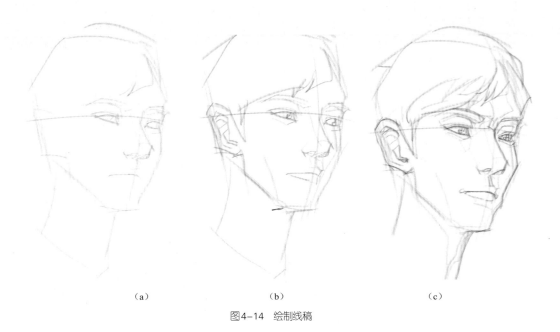

（a）　　　　　　　　　　（b）　　　　　　　　　　（c）

图4-14　绘制线稿

（2）基础绘制

新建图层并命名为"上色"，使用钢笔工具绘制头像的形状（图4-15）。点击右键，在弹出的面板中选择"转换为选区"，选择淡黄色（色彩参数R：228、G：215、B：185），使用油漆桶工具填充选区（图4-16）。

图4-15　用钢笔工具绘制形状　　　　　　　　图4-16　填充颜色

选择"简单"笔刷下的"平头色彩2"，调整大小为28，选取淡黄色（色彩参数R：235、G：225、B：205）对头像的亮面进行绘制，根据光源的照射角度和头部的结构关系，提亮的位置包括眉骨、上眼睑、颧骨、鼻翼、鼻梁、嘴唇、下巴、颈部等（图4-17）。

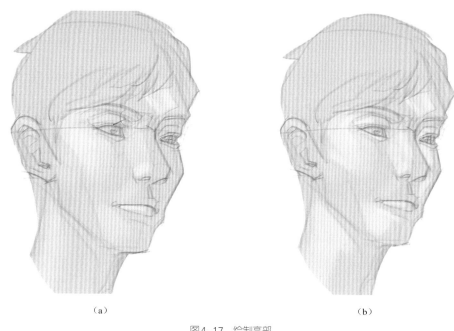

（a）　　　　　　　　　　　　　　　　　　（b）

图4-17　绘制亮部

选择深黄色（色彩参数R：213、G：200、B：178）加深头像的暗部选区，绘制包括头发、眼窝、下巴等位置的投影，以明暗对比逐渐塑造头像的体积感（图4-18）。

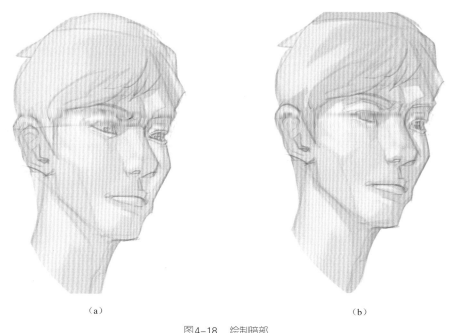

（a）　　　　　　　　　　　　　　　　　　（b）

图4-18　绘制暗部

进一步强化头部的体积关系，绘制五官和主要骨点的结构，提亮上下眼睑亮部，绘制眼球的高光，灵活调整笔刷大小绘制颧骨、鼻梁、鼻翼、人中、嘴唇等亮部（图4-19）。

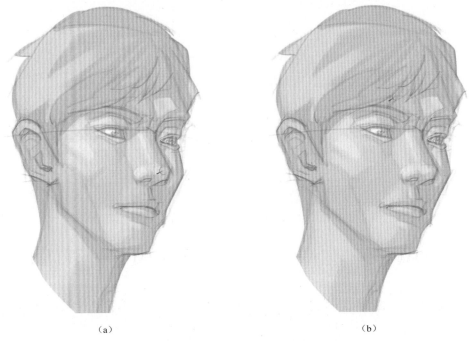

（a）　　　　　　　　　　　　　　　（b）

图4-19　绘制五官和主要骨点的结构

选择"简单"笔刷中的"数位喷枪"，调整笔刷大小为35，选择深黄色（色彩参数R：146、G：138、B：121）继续绘制暗部，包括头发、眉毛、眼睛、嘴巴等位置（图4-20）。

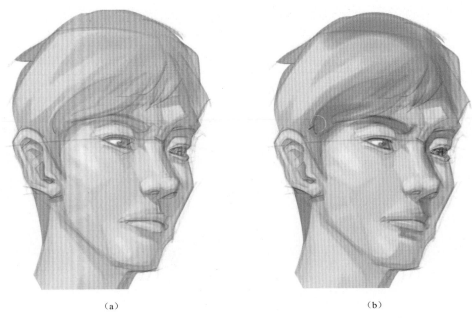

（a）　　　　　　　　　　　　　　　（b）

图4-20　继续绘制暗部

选择"平头色彩2"笔刷，调整笔刷为15，使用淡蓝色（色彩参数R：202、G：223、B：227）绘制头部的反光，增强头部结构的体积感（图4-21）。

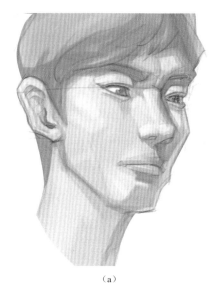 

（a）   （b）

图4-21　绘制反光

（3）深入刻画

使用"数位喷枪"笔刷，调整为大笔刷，选取深灰色（色彩参数R：128、G：120、B：107），绘制头发和眉毛等位置，绘制时要按照发型走势绘制，把握虚实关系，大笔刷以塑造体积为主，然后使用小笔刷绘制细节，选取淡黄色绘制几根头发以增加质感（图4-22）。

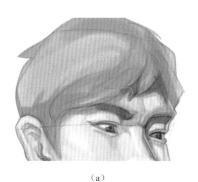 

（a）   （b）   （c）

图4-22　绘制头发

刻画亮部的细节，脸部受到光源照射，亮部面积较大，在绘制时适当加大亮部位置的明暗关系，包括眼窝、鼻梁侧面、颧骨侧面、下巴等部位可适当加深，以强化结构关系。在眼睛、鼻梁、颧骨、鼻尖、嘴唇等部位绘制高光，高光面积要小，可以使用淡蓝色作为高光（图4-23）。

对几个重点位置仔细调整细节，例如眼睛、鼻底、嘴巴等（图4-24），以保证结构和透视的准确性。

深入刻画之后就要对画面进行合理性和虚实方面的调整，并将"线稿"图层隐藏。最终效果如图4-25所示。

（a）

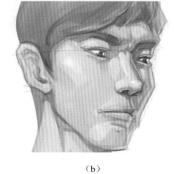

（b）

图4-23　刻画亮部

（a）

（b）

图4-24　调整细节

图4-25　最终效果

4.2 人体的绘制

　　人体绘画是数字绘画基础训练的延续和提高，是绘画学习的重要部分，有着丰富而广阔的表现空间。人体绘画满足了学习者对绘画深度的积极探索，从而不断积累和拓展自己的造型经验；更重要的是实现了从基础训练到艺术创作的过渡，因为掌握人体绘制的技法是人物画创作的根本手段和唯一途径。人物全身像绘画同其他内容的绘画训练一样，其主旨是培养正确的观察方法，掌握人体结构的比例和特点，实现人物绘画技法的准确表达（图4-26）。

图4-26　潘多拉加冕的季节

4.2.1　人体结构比例与特征

（1）人体结构比例

　　首先，人体结构是由多个部分组成的，包括脊柱、头、胸、骨盆、上肢、下肢等，这些外部形体关系可概括为"一竖""二横""三体积""四肢"；其次，上述结构关系在具体的写实对象和空间状态下，会产生隐与显、虚与实、大与小、长与短、紧与松等差异及变化。二者的结合，才是完整的结构概念。

　　要想把人物画得生动，首先必须了解人体的结构比例。图4-27展示了不同年龄阶段的人体比例变化，一般习惯上以头作为人体比例的度量单位。

　　小孩：孩子的头部较大，一般比例为全身相当于三到四个头高。体态圆润、小巧。

　　青年：青年人体比例被概括为立七、坐五、盘三半，即人体立姿全身为七个头高（立七），坐姿为五个头高（坐五），盘腿姿态为三个半头高（盘三半），立姿手臂下垂时，指尖位置在大腿二分一处。全身高为八个头长是理想身材的比例。

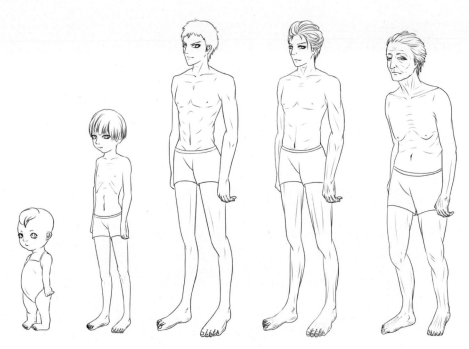

图4-27　各年龄段人体比例

　　男性身高中心一般在髋关节联合处，女性身高中心一般在髋关节上方。男女人体的身高相比较来说，女性一般低于男性，其性别差异还表现在腿的长短、骨盆和肩部宽窄上。男性肩宽约为两个头长；女性稍窄，约为两个头宽。男性腰宽，约为一个头长；女性稍窄，为一头或不到一头。男性臀部宽约为一个半头，稍窄；女性稍宽，超出一个半头（图4-28）。

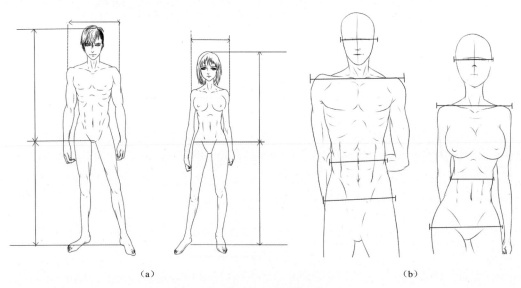

（a）　　　　　　　　　　　　　　　　（b）

图4-28　男女体型比较

　　老人：由于骨骼收缩，老年人的身高较年轻人略矮一些。在画老年人时，应注意头部与双肩略靠近一些，腿部稍有弯曲。

（2）人体结构性别特征

就性别来说，男性肩膀较宽，锁骨相对宽而有力，胸部宽大而腹部短窄，胸肌发达。女性较男性身材短小，颈部细长，肩膀较男性斜窄，乳腺发达，胸部丰满而有起伏，臀部肥圆显宽大，富于曲线变化。男性肚脐在腰线上方，女性肚脐在腰线稍下。男性的四肢粗壮，肌肉结实饱满。女性手脚较男性小巧，手指细长，大腿粗，小腿较短（图4-29）。

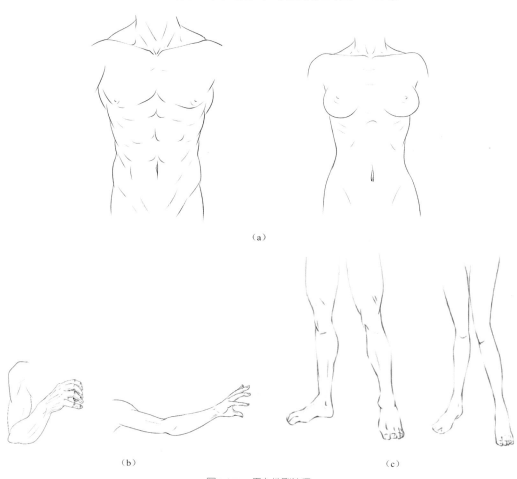

（a）

（b）   （c）

图4-29 男女性别特征

根据以上的人体结构知识，在进行人体绘画创作时就要把握人体结构的主要特点，分析人物的性别、年龄、职业等差异，灵活表现人体的形体和动态。例如在绘制男性人体时，要重点突出男性的特征，肩膀画得要宽厚，注意男性关节的起伏感，手、胳膊与腿要粗壮些，手腕处比女性的手腕部位画得要偏下。画男性的侧身像时，锁骨和肩头的线条应是连在一起的，胸部、后背不要画成直线，要表现出肌肉的起伏，从颈部到后背的线条要画得稍有曲线，这样，可以表现出男性身体的厚度。女性的特点是全身曲线圆润、柔美，在绘制女性人体时要注意胸部和臀部的刻画。手、胳膊与腿要纤细，手腕和大腿根部在同一个位置，胳膊肘的位置在腰部附近。尤其是画侧面像时，肩膀的位置画得准确，胳膊就显得自然，要合理地表现胳膊关节部位与腰、臀及大腿根部的关系（图4-30）。

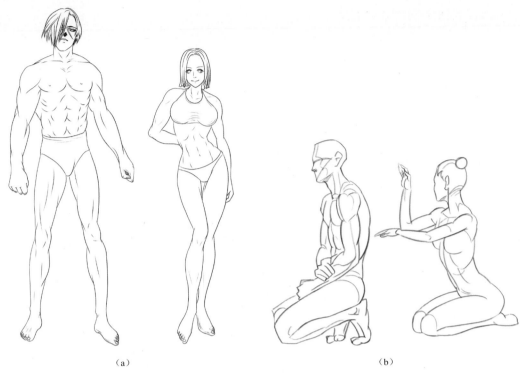

（a）   （b）

图4-30 男女形体绘制

4.2.2 人体绘制与上色

（1）起稿定型

运行Painter 2018，新建宽为2480像素、高为3508像素、分辨率为300像素的画布（图4-31）。选择画笔工具，点击选择"钢笔和铅笔"笔刷中的"仿真2B铅笔"，设置大小为20像素、不透明度为70%、流量为65%。

图4-31 新建画布

在图层面板新建图层，命名为"线稿"并绘制人体。绘制时要合理把握人体比例关系，可以找一些男性裸体站姿的图片作为参考，以线条绘制动态、结构和大的体积关系为主（图4-32），把握基本的透视规律。

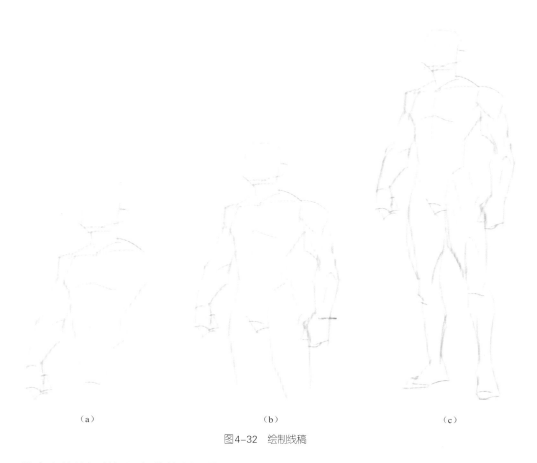

（a）　　　　　　　　（b）　　　　　　　　（c）

图4-32　绘制线稿

　　结合人体的相关知识细化绘制人体结构，该步骤以细化人物的肌肉、关节等大的块面关系为主，不要拘泥于细部。在整体骨架、比例关系正确的基础上绘制大的肌肉群和关节结构等（图4-33），最终线稿效果如图4-34所示。

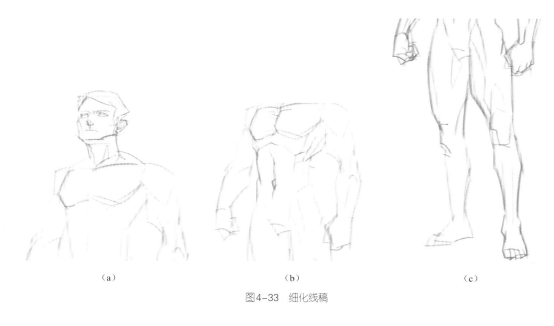

（a）　　　　　　　　（b）　　　　　　　　（c）

图4-33　细化线稿

图4-34　线稿效果

（2）基础绘制

　　选择钢笔工具，按照之前的线稿绘制封闭的形状（图4-35）。点击鼠标右键，在弹出菜单中选择"转换为选择区"，新建图层并命名为"色彩"，对创建的选区使用油漆桶工具填充黄色（色彩参数R：224、G：230、B：193）（图4-36）。再次使用钢笔工具，在手臂和腰部附近绘制封闭线段，同样使用"转换为选择区"创建选区，使用"编辑"菜单的"清除"命令删除该选区（图4-37），完成后的人体效果如图4-38所示。

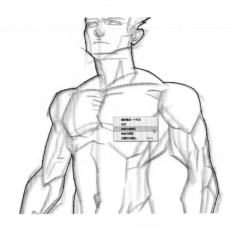

图4-35　绘制形状

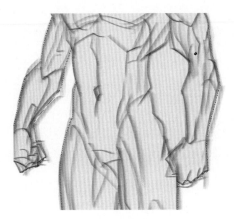

图4-36　填充颜色

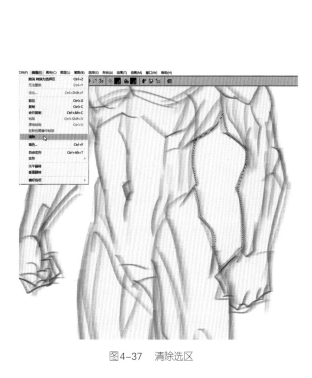

图4-37　清除选区　　　　　　　　　　图4-38　填充色彩效果

选择"线稿"图层，将模式更改为"相乘"，透明度设置为40（图4-39）。选择简单笔刷下的"平头色彩2"，调整大小为230，使用淡黄色（色彩参数R：249、G：240、B：219），以大笔触绘画人体亮面（图4-40），使用深黄色（色彩参数R：216、G：202、B：174）绘制人体暗部（图4-41）。绘制时要以人体结构为准绳，通过明暗对比表现人体结构空间关系，便于后期绘制时参考。

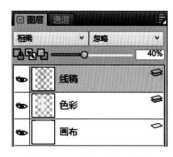

图4-39　更改模式和透明度

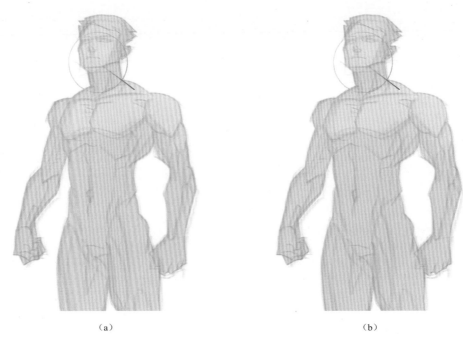

（a）

（b）

图4-40　绘制亮面

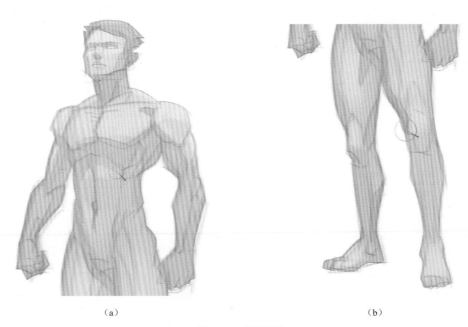

（a）

（b）

图4-41　绘制暗面

（3）深入绘制

　　将"平头色彩2"笔刷大小设置为20，继续绘制头部、颈部等主要结构，进一步细化头部的转面关系，提亮面部受光面，加深眼部、鼻底、颧骨、头发、颈部等暗部，使用深灰色绘制头发颜色（图4-42）。

(a)   (b)

图4-42　强化头部结构

依次绘制人体的胸、腰、腹、手臂等主要结构和大肌肉群，通过提亮亮度和加深暗部进一步塑造人体的体积感，强化各部分的结构和关节（图4-43）。其中，躯干部分涉及的关节和肌肉较复杂，肌肉涉及胸肌、腹肌、背阔肌、三角肌等大肌肉群，要仔细理解和分辨关节状态和肌肉线条走势，绘制时力求做到准确、合理。

选择笔刷绘制腿部的结构和肌肉，通过明暗强化体积关系。该部分主要包括髋骨、膝盖、脚踝等结构和关节，以及股四头肌、腓肠肌、比目鱼肌等肌肉群，绘制时要注意髋骨、膝盖、脚踝等重要骨点的表现（图4-44）。

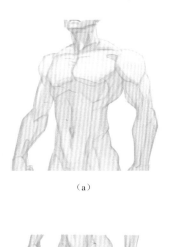  

(a)   (b)   (c)

图4-43　强化躯干结构

(a)   (b)   (c)

图4-44　强化腿部结构

（4）细节绘制

根据人体的生理结构知识对人体进行细节绘制。此时绘制的重点是人体的主要细节部位，包括关节的转折、肌肉的走势和体积塑造。对于关节和主要骨点的绘制要肯定、明确，笔刷的力度和虚实要根据肌肉的走势、穿插来确定。同时，要明确投影和暗部边缘，以此明确肌肉的空间和体量（图4-45～图4-47）。

（a）　　　　　　　　　　　　　　　　（b）

图4-45　绘制头部细节

（a）　　　　　　　　　　　　　　　　（b）

图4-46　绘制躯干细节

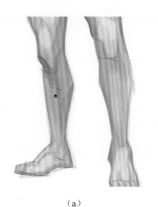

（a）　　　　　　　　　　　　　　　　（b）

图4-47　绘制腿部细节

选择"简单"笔刷中的"数位喷枪",绘制人体的反光部位,完善人体结构的体积关系。绘制反光的部位主要在暗部的突出部分,要根据关节和肌肉走势绘制(图4-48),用笔要放松,与画面能融合在一起。

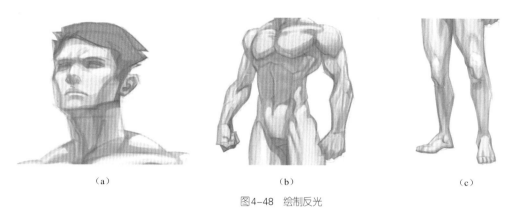

（a）　　　　　　　　　　　　　　（b）　　　　　　　　　　　　　　（c）

图4-48　绘制反光

继续丰富细节。首先,新建"高光"图层绘制人体的高光部位,高光部分主要包括头部的鼻梁、颧骨,躯干的胸部、肩膀、小腹,腿部的大腿、膝盖等突出的部位;其次,细化暗部中结构和肌肉的明暗对比,尤其是腹部的肌肉较多,明暗层次转换丰富;最后,使用小笔触绘制暗部反光、肌肉的线条、血管等细节(图4-49)。

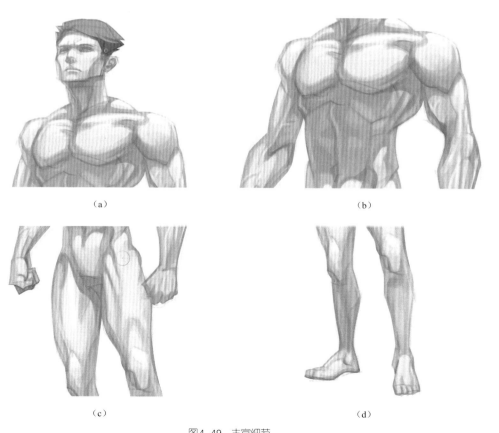

（a）　　　　　　　　　　　　　　　　　　　　　　（b）

（c）　　　　　　　　　　　　　　　　　　　　　　（d）

图4-49　丰富细节

　　深入刻画之后就要对画面进行整体效果的处理，使用大笔刷将人体结构进行合理性和虚实方面的调整，将"线稿"图层隐藏并为画面添加背景颜色。最终效果如图4-50所示。

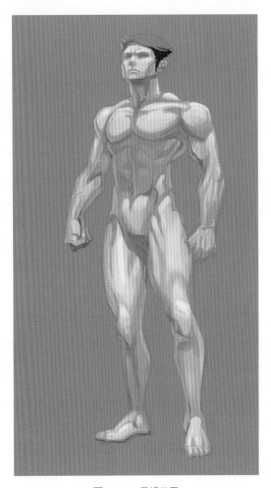

图4-50　最终效果

4.3　案例：写实人物

　　写实人物绘画对创作者的要求较高，其中涉及的绘画知识广泛而复杂，包括人体的结构、画面的构图、服饰及道具的质感等。首先，人体结构是画面的本质问题，如同画人体时要研究骨骼和解剖一样，结构的准确与否是决定写实人物的根本，如果没有这些坚实的基础，画出的作品会显得空洞无物。其次，构图因素也是画面不可忽视的，写实人物绘画中的构图决定了人物在画面的地位、角度、比例等关系，是直接决定人物绘画能否成功的关键因素。最后，与服饰及道具的粗糙质感和强烈颜色相比，人体皮肤细腻且色彩柔和。创作者需在使用Painter进行数字绘画时，仔细体会以上几点，通过长期的技法尝试和大量绘画练习，不断提高自己的人物绘画创作能力（图4-51、图4-52）。

图4-51　吹泡泡的女生

图4-52　凝望

4.3.1　案例分析：人物结构与服饰道具

　　本案例绘制的是站立的时尚青年，与之前的人体绘制不同，写实人物一般都穿着服装、佩戴道具等，但其本质是一致的。服装的样式可以不断变换，但是服装的褶皱和纹理是按照人体的结构变化的，是为表现结构而存在的。本案例中的角色是时尚青年，穿着的服饰宽松，褶皱较多，在绘制时要能通过合理的褶皱分布来表现身体结构。同时，服饰道具不仅能够塑造人物的结构和形体，也能表现性格特征、展现精神面貌，在绘画时可通过表现服装的式样、色彩等烘托人物的个性特征。

　　本案例使用的是起稿后直接上色的方法，首先在画面中绘制线稿，然后使用钢笔工具将不同的部分建立选区，以主色调填充，再以笔刷细化各个结构、刻画细节等，最后进行简单的色彩调整和画面效果处理（图4-53）。

图4-53　时尚青年

4.3.2　人物设计与线稿绘制

运行Painter 2018，新建宽为2480像素、高为3508像素、分辨率为300像素的画布（图4-54）。选择画笔工具，点击选择"简单"画笔的"仿真2B铅笔"，设置大小为20像素、不透明度为70%、粗糙程度为44%（图4-55）。

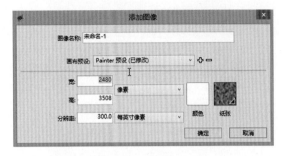

图4-54　新建画布　　　　　　　　　　　　　　图4-55　设置画笔

新建图层并命名为"线稿"。选择"线稿"图层绘制人体。绘制时要把握画面构图，可以找一些青年站姿的图片作为参考，结构线稿要准确、完整、比例合适，符合基本的透视规律（图4-56）。

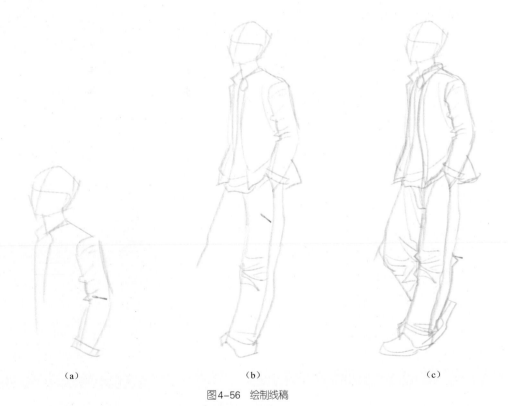

（a）　　　　　　　　　　（b）　　　　　　　　　　（c）

图4-56　绘制线稿

在"线稿"图层细化造型，绘制时要结合人体结构的相关理论，以线条表现人体动态、肌肉等大的块面关系为主，不要拘泥于细节的绘制，注意整体结构、比例关系的把握（图4-57）。

（a）

（b）

图4-57 细化线稿

4.3.3 人物底色铺设

新建图层并命名为"皮肤"，选择钢笔工具，按照线稿使用钢笔工具绘制封闭的形状，绘制完成后点击鼠标右键，在弹出菜单中选择"转换为选择区"（图4-58），在"皮肤"图层使用油漆桶工具填充黄色（色彩参数R：224、G：203、B：178），效果如图4-59所示。

图4-58 绘制钢笔形状并转换为选择区

图4-59 绘制固有色

新建图层，命名为"帽子"，再次使用钢笔工具绘制封闭形状，同样使用"转换为选择区"创建选区，并填充色彩（色彩参数R：79、G：79、B：79）（图4-60）。使用同样的方法绘制图层，分别命名为"头发"（图4-61）、"上衣"（图4-62）、"外套"（图4-63）、"裤子"（图4-64）、"鞋子"（图4-65）、"手"（图4-66）等，图层顺序如图4-67所示。

图4-60 "帽子"图层

图4-61 "头发"图层

图4-62 "上衣"图层

图4-63 "外套"图层

图4-64 "裤子"图层

图4-65 "鞋子"图层

图4-66 "手"图层

线稿	
外套	
上衣	
手	
裤子	
鞋子	
帽子	
头发	
皮肤	
头发2	
画布	

图4-67 图层顺序

4.3.4　人物结构与光感塑造

选择"简单"笔刷下的"平头色彩2"，调整大小为200。选择"外套"图层，使用淡黄色（色彩参数R：181、G：182、B：127），以大笔触绘制亮面（图4-68）。选择"裤子"图层，使用深蓝色（色彩参数R：114、G：132、B：149）绘制裤子亮面（图4-69）。绘制时需以人体结构为参考，通过光感的建立表现人体结构的体积，便于后期绘制时参考。

（a）　　　　　　　　　　（b）　　　　　　　　　　（c）

图4-68　提亮"外套"亮面

（a）　　　　　　　　　　　　　（b）

图4-69　提亮"裤子"亮面

绘制"外套""裤子"图层暗部，选择"外套"图层，使用深黄色（色彩参数R：136、G：140、B：121）绘制衣服暗部（图4-70），选择"裤子"图层，使用深蓝色（色彩参数R：95、G：99、B：104）绘制裤子褶皱的暗部（图4-71）。

选择"简单"笔刷中的"数位喷枪"，绘制衣服的反光。反光的部位主要在暗部的突出部分，笔触要根据人体结构和褶皱位置绘制，"外套"的反光可以使用淡蓝色，"裤子"的反光使用深红色（图4-72），以色彩的对比表现身体的体积结构。

（a）　　　　　　　　　　　　　　　　　　　　　（b）

图4-70　加深"外套"暗部

（a）　　　　　　　　　　　　　　　　　　　　　（b）

图4-71　加深"裤子"暗部

（a）　　　　　　　　　　　　　　　　　　　　　（b）

图4-72　绘制反光

4.3.5 人物深入刻画

使用"平头色彩2"笔刷刻画头部、颈部的主要结构，提亮面部的受光面，加深暗部色调，通过强化明暗面来表现头部结构和五官体积感。在鼻头、嘴唇、眼睛等位置绘制高光，同时在暗部绘制反光（图4-73）。

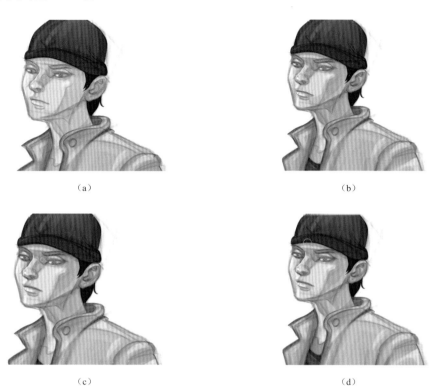

（a）

（b）

（c）

（d）

图4-73 刻画头部、颈部

使用小笔刷对帽子、鞋子等图层进行绘制。其中，帽子的材质为毛线，选择白色，调节笔触的透明度为50%，绘制出柔和的毛线质地（图4-74）。鞋子在画面中存在感较弱，使用灰色绘制出基本结构即可（图4-75）。

图4-74 绘制帽子

图4-75 绘制鞋子

对"外套""上衣"等图层进行深入刻画，上衣是黑色棉质，以深色为主，合理绘制褶皱，不需要设置高光。外套是皮质夹克，质地光滑，褶皱明显。使用笔刷强化明暗关系，根据人体结构合理地强化褶皱效果，颈部、肩部、肘部等的褶皱较多，用笔要肯定且紧凑，胸部、腰部、手臂等位置褶皱较少，用笔要放松。同时，绘制高光和反光，表现光滑的材质效果（图4-76）。

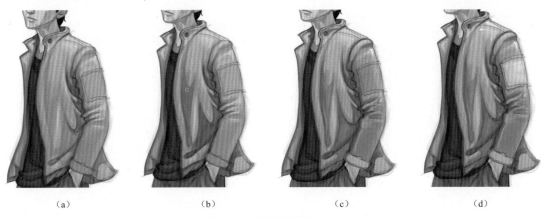

（a）　　　　　　（b）　　　　　　（c）　　　　　　（d）

图4-76　深入刻画外套、上衣

对"裤子"等图层进行深入刻画，裤子属于肥大的牛仔裤，以深蓝色为主，质地粗糙且褶皱较多，因此不需要绘制高光。对于裆部、膝盖、脚踝等褶皱较多的地方，用笔要肯定，对于大腿等褶皱较少的地方，用笔要放松。亮部主要集中在大腿受光位置，合理绘制反光以强化腿部的体积感（图4-77）。

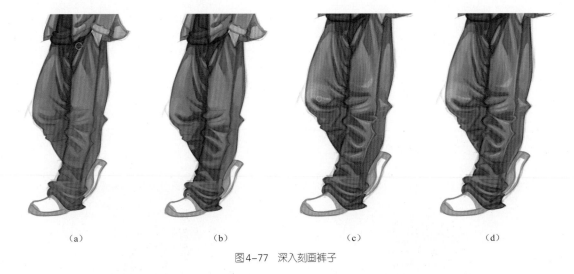

（a）　　　　　　（b）　　　　　　（c）　　　　　　（d）

图4-77　深入刻画裤子

4.3.6　人物质感与画面处理

将绘制完成的图片保存为psd格式，并导入到Photoshop软件中。在图层面板，按住Ctrl + Shift键，依次点击文件的各个图层，加载完整的人物图层选区（图4-78），然后选择"线稿"图层，并点击右下角 ▣ （添加矢量蒙版），创建一个图层蒙版（图4-79）。

图4-78 加载图层选区　　　　　　　　　　图4-79 创建图层蒙版

　　点击创建的矢量蒙版载入选区，并创建一个新的图层，命名为"投影"。在该图层使用油漆桶工具填充蓝色。按Ctrl+T键打开"自由变形"工具，将鼠标放在变形框中，点击右键，在弹出的菜单中选择"斜切"工具，调整图层的位置和大小（图4-80）。

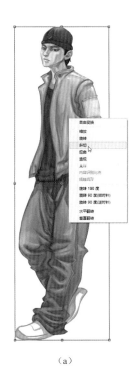

（a）　　　　　　　　　　　　　（b）

图4-80 创建图层并调整

选择"投影"图层，直接点右下角的 （添加矢量蒙版），在该图层创建一个图层蒙版。选择黑色，直接在蒙版上自上而下拖曳出一个渐变，形成的效果如图4-81所示。

（a）

（b）

图4-81　添加图层蒙版并绘制渐变

在"滤镜"菜单中选择"像素化"中的"彩色半调"，在弹出的面板中设置参数，点击确定后效果如图4-82所示。

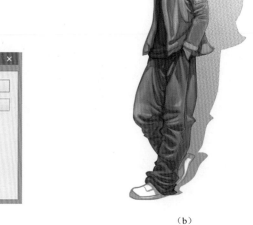

（a）

（b）

图4-82　使用"彩色半调"工具

　　新建图层命名为"背景"并拖拽到图层的最下方，使用油漆桶填充蓝色，并将画面的左半部分选区删除，效果如图4-83所示。在图层面板点击 ▣（创建新组）命令新建组，命名为"人物"，将绘制的各个图层拖拽到组中，点击右下角的 ◐（创建新的图层或者调整图层）命令，选择其中的"曲线"（图4-84）、"色相/饱和度"（图4-85）命令，对组的色彩进行整体调整。

图4-83　新建图层并修改

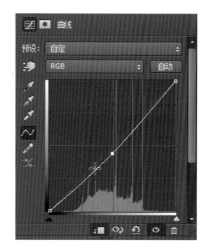

图4-84 "曲线"命令

图4-85　"色相/饱和度"命令

　　最后是对画面进行整体效果的处理，包括对人体结构和画面空间进行虚实方面的调整，最终效果如图4-86所示。

图4-86　最终效果

本章总结

　　用Painter绘制人物所使用的基本工具和性能较之前的绘画差异不大，重点包括两个方面：
一方面是准确的人体结构，即对人体的结构、动态、比例等的正确分析和表现；另一方面是通
过笔刷表现不同材质质感和肌理，例如不同材质的衣服、道具，以及温润的人体皮肤等。这些
都要创作者进行长期的积累和大量的练习才能掌握和合理表现。

实战练习

　　1.绘制自画像头像一张，要求结构准确、效果写实。
　　2.任选一个与自画像性别不同的人物进行绘制，能表现出人物的年龄特征和形象气质，要
求胸像。

Chapter

第5章

Painter 综合案例绘制

　　这是本书的最后一个章节，也是对之前章节的概括和总结。本章与之前章节的最大不同点在于，本章将目标明确在数字绘画创作的层面，需要将绘画能力与软件技巧相结合才能完成最终的作品。在本章案例中，为体现作品的审美意境，并不刻意强调细节刻画，将重点放在画面整体气氛营造和色彩表现上。

5.1　构图理念与表达

　　构图是所有绘画的基本内容，也是数字绘画创作的基础，是绘画家为表现一定的思想、情感，在特定范围内，根据艺术的审美原则来安排和处理形象、符号的位置关系，使其组成有魅力、有说服力的艺术整体。创作中构图的目的是为了在整体上保持主形与次形的和谐关系，在形与形的排列组合方面找到秩序，从无序中确定有序（图5-1）。

图5-1　风起

在数字绘画创作中，良好的构图布局可以帮助创作者更好地表达出画面内容、创作主题和思想情感。创作中应遵守基本的构图原则。

① 分布均衡。数字绘画作品的构图要从画面整体来把握重心，平衡空间位置、中心和边角的关系，在点和线的相互呼应穿插中寻求平衡，在变化中走向稳定。

② 充实丰厚。饱满、完整的构图符合人们的欣赏心理，是审美需求的视觉反映。而形象和空间是影响画面构图最直接因素之一，只有两者相互呼应、虚实交融，画面才能达到充实丰厚、浑然一体的效果。

③ 形象完整。绘画作品的构图还应注意画面的独立性和完整性，尤其是主体形象。只有完整的形象才能完整表达出创作者的思想或故事，画面的重心必须保持在主体形象上。

5.2 案例：《西游》

本章的案例是以数字绘画创作为目的。在进行数字绘画时，单纯地要求绘画能力或软件技巧都有失偏颇，需要将两者有机组合，融会贯通地予以表达。对于作品创作，讲求的是情感表达和审美意境，在绘制前需要对线稿进行仔细的设计和推敲，将抽象的想法落实于画面中，突出画面重点，确定画面的构图重心。另外，在本章节案例中，为体现作品的审美意境，将主要精力放在画面整体的气氛营造和颜色表现上。

5.2.1 案例分析：构图与透视

本案例的创作灵感来源于小说《西游记》，画面内容借鉴《西游记》中的故事元素，表现的是取经途中，师徒遇到青毛狮子怪的情景。整幅画面以远景的景别为主，采用均衡式构图，主要突出狮子怪物的怪异强壮的造型和场景的诡异气氛。画面的重心放在画面左侧，师徒处于次要地位，造型体积较小，与狮子怪物的巨大相对比，形成对角线的构图关系。在透视及结构方面，主要塑造怪物的强壮造型、身体动态以及体积感。画面的整体氛围营造上以暖黄色为主，表现场景的荒凉和漫无边际，怪物出现的峡谷出现冷色的烟尘，以冷暖色的对比塑造场景的空间感和画面氛围（图5-2）。

图5-2 西游

本案例按照线稿、铺色、基础塑造和深入刻画等步骤逐步推进，重点是刻画狮子怪的形象和整体画面氛围的营造。

5.2.2　画面元素与线稿绘制

画面的主要元素可以借鉴电视剧或者绘画中的形象，并加以整合和改造。这是数字绘画中设计画面内容的重要方法。对初学者来说，这种方法不但能够提高效率，实现最佳的创意和构图效果，并能对造型的动态、环境的烘托予以准确把握，为自己的创作意图服务，提升作品的感染力和艺术力（图5-3）。

（a）电视剧截图　　　　　　　　　　　　　　（b）绘画图片

图5-3　借鉴图片

运行Painter 2018，新建宽为7200像素、高为4500像素、分辨率为300像素的画布（图5-4）。

图5-4　新建画布

设置画笔为仿真2B铅笔，画笔大小为15，不透明度为70%，笔刷笔触渗透程度为65%（图5-5）。在图层面板新建图层，命名为"远景线稿"和"近景师徒二人线稿"，将近景与远景分开绘制，方便绘制后期的颜色（图5-6）。

图5-5　调整笔刷参数　　　　　　　　　　图5-6　新建图层

在线稿层使用黑色起稿，结合收集的素材进行绘制，可以进行多次的设计和修改，最终线稿要力求构图合理，内容完整，充分表现创意（图5-7）。可以根据画面内容，将狮子怪、师徒、远景、近景等线稿放在不同图层并合理命名，这样方便后期的修改和填色。

图5-7　绘制线稿

5.2.3　画面底色铺设

新建图层并命名为"远景色"，在该图层上绘制基础色调，选择土黄色（色彩参数R：170、G：158、B：138），使用油漆桶工具填充图层。设置画笔大小为300、不透明度为80%、笔刷笔触渗透纹理程度为65%，分别选择深灰色（色彩参数R：149、G：139、B：119）和淡黄色（色彩参数R：229、G：219、B：147），使用大笔刷快速铺设，营造整体气氛效果（图5-8）。

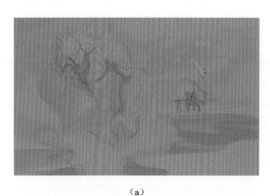 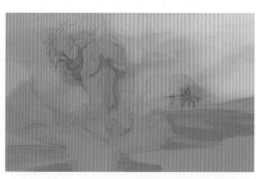

（a）　　　　　　　　　　　　　　　　　（b）

图5-8　绘制底色

新建图层并命名为"狮子怪"，选择"简单"笔刷中的"平头色彩2"，绘制怪物的基础颜色，主要是区分大的形体结构和明暗关系（图5-9）。

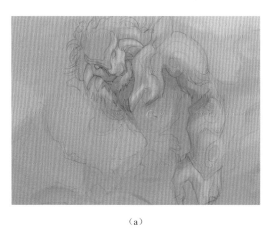 

（a） （b）

图5-9 绘制狮子怪

新建图层并命名为"烟尘"，调整笔刷的透明度为50%，选取白色在场景中绘制烟尘效果，表现出基本的氛围效果（图5-10）。

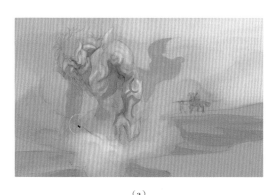 

（a） （b）

图5-10 绘制烟尘

新建图层并命名为"前景"，使用黄绿色（色彩参数R：182、G：182、B：155）和深黄色（色彩参数R：127、G：121、B：102）绘制场景中山崖和绿地，明确前景中的空间关系（图5-11）。

（a） （b）

图5-11 绘制前景

新建图层并命名为"师徒",使用笔刷绘制基本颜色,这两个角色处于次要地位,在后期绘制时需要把握主次关系,不必过于追求细节(图5-12)。

图5-12　绘制师徒

整体场景绘制后的画面效果如图5-13所示。在创作过程中,需要对画面的形象和色彩进行设计和修改,前面绘制底色时不需要过于剧烈的色彩对比,可以不断思索和尝试,逐渐理清思路,找到最佳的表现效果。

图5-13　绘制底色效果

5.2.4　画面空间层次与光影塑造

在这一步骤中对角色结构、场景空间、光影关系进行进一步表现。

(1)狮子怪

首先绘制主要角色狮子怪,调整笔刷大小为40,根据线稿绘制其复杂的身体结构,选取深黄色(色彩参数R:94、G:90、B:82)绘制暗部,选取淡黄色(色彩参数R:233、G:218、B:147)绘制亮部,并选择蓝色(色彩参数R:157、G:173、B:174)绘制反光,加强身体的明暗关系以表现角色的体积空间(图5-14)。

（a）

（b）

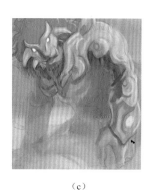
（c）

图5-14　绘制身体

（2）披风

选取深红色（色彩参数R：221、G：167、B：139），根据线稿对披风上色，重点表现披风在空中随风飘扬的动态效果（图5-15）。

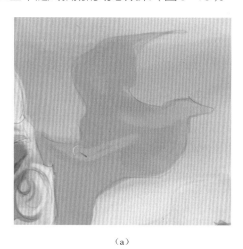
（a）

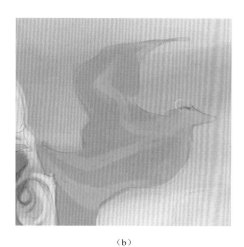
（b）

图5-15　绘制披风

（3）烟尘

画面场景属于远景，空间氛围的表现和营造是关键，将笔刷大小调整为260，透明度降低到30%，以山崖为中心绘制烟尘，烟尘的层次和浓淡关系要合理把握，以"透气"为原则，切忌糊成一团（图5-16）。

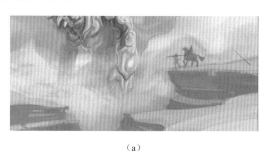
（a）

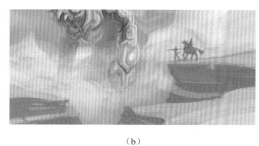
（b）

图5-16　绘制烟尘

（4）师徒

选取色彩对师徒角色进行刻画，主要使用小笔触区分亮部、暗部以及反光的关系，保证其动态造型的准确性和生动性（图5-17）。

（a）   （b）

图5-17　绘制师徒

空间关系和光影塑造后的画面效果如图5-18所示。

图5-18　绘制空间效果

5.2.5　画面深入刻画一

对画面开始深入刻画，刻画时要注意画面透视关系和整体氛围的把握。

（1）头部和毛发

狮子怪的头部和毛发是刻画的重点，调整笔刷的大小为30，绘制时用笔要根据头部的结构和动态进行，以灵活的笔触表现毛发的质感（图5-19）。仔细刻画狮子的头部及五官，可以查找狮子的相关图片作为参考，保证头部结构和五官的准确，使用暖色刻画亮面，使用冷色刻画反光部分，要注意头部及毛发的走势和动态，切忌画成平面的效果（图5-20）。

（a）

（b）

图5-19　绘制毛发

图5-20　绘制头部

（2）胳膊

对于胳膊进行深入刻画，角色的身体强壮、肌肉发达，该部分绘制难度较高，需具备较好的人体结构基本知识，在塑造上要重点刻画其身体结构和肌肉走势，可以借鉴人体的相关图片进行参考，强化其胳膊的维度和体积，突出该角色的怪异和力量感（图5-21）。

（a）

（b）

（c）

图5-21　绘制胳膊

（3）躯干

对狮子怪的躯干进行绘制，为了增加其神秘感，可以将躯干及下半身适当弱化，使其隐藏于烟尘中（图5-22）。

（a）

（b）

图5-22　绘制躯干

（4）烟尘

选取淡蓝色（色彩参数R：164、G：231、B：239）绘制烟尘效果，使用冷色调与整个场景形成对比，与场景的角色反光相关联，增加画面的诡异气氛。合理安排"烟尘"图层的位置，烟尘存在于山谷中，在"前景"图层的后方（图5-23）。

（a）

（b）

图5-23　绘制烟尘

深入刻画后的画面效果如图5-24所示。

图5-24　绘制画面效果

5.2.6　画面深入刻画二

对角色、场景中的细节进行仔细绘制，重点表现事物的质感、走势、动态等。

（1）狮子怪头部、盔甲

进一步突出其狮子造型的特征，对头部和毛发进行深入刻画。对金属盔甲进行绘制（图5-25），笔触要求明确肯定，加强明暗对比，高光细长且反光明显，以塑造坚硬的金属质感和高光效果（图5-26）。

（a）

（b）

图5-25　绘制盔甲

图5-26　绘制高光

（2）手臂

进一步强化手臂的细节，完善手臂、手指的造型，突出肌肉的动态和线条感（图5-27）。

（a）

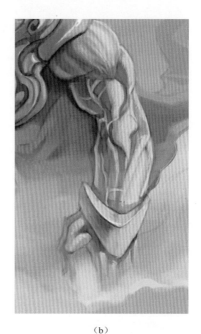
（b）

图5-27　绘制手臂

（3）披风

对披风进一步刻画，披风的形态尽量自由飘逸，但不可过于细致，以免失去画面重心（图5-28）。

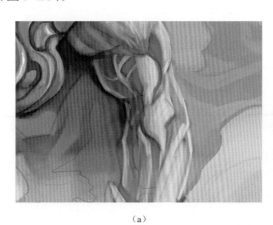
（a）

（b）

图5-28　绘制披风

（4）师徒

进一步绘制师徒的形象，亮面采用暖色，暗面采用冷色，同时根据光线角度设计出角色的投影（图5-29）。

（a）

（b）

图5-29　绘制师徒

（5）前景

选择"前景"图层，绘制画面的草地和山崖时，亮部以草绿色和黄色为主，暗部以熟褐、深蓝色为主，以保证前景与其他画面元素色彩关系的和谐，笔触可以灵活生动，表现出一定的层次和空间感（图5-30）。

（a）

（b）

（c）

图5-30　绘制前景

（6）远景

对画面的远景进行绘制，包括远山、远处的烟尘等处于虚化的位置，不需要过于细致的刻画（图5-31）。

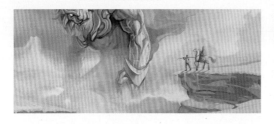 

（a）　　　　　　　　　　　　　　（b）

图5-31　绘制远景

（7）飞鸟

强化天空远景效果，并绘制飞鸟，烘托空旷的气氛（图5-32）。

（a）　　　　　　　　　　　　　　（b）

图5-32　绘制飞鸟

细节绘制之后的效果如图5-33所示。

图5-33　画面效果

5.2.7　质感与画面处理

将完成的画面导出psd格式，保留其分层的格式（图5-34）。

图5-34　导出图片

将文件导入Photoshop中，用下面两张贴图作为纹理放在图层中（图5-35），调整贴图的图层模式和透明度等（图5-36），为画面增加质感，效果如图5-37所示。

使用色相饱和度、曲线等工具调整画面色彩效果（图5-38）。

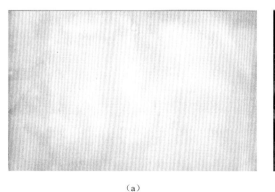

（a）

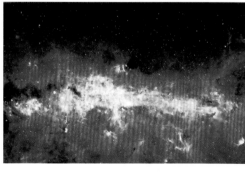

（b）

图5-35　贴图

（a）

（b）

图5-36　调整图层模式和透明度

图5-37　添加效果

（a）色相饱和度

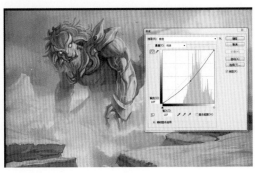

（b）曲线

图5-38　调整画面色彩

最终画面效果如图5-39所示。

图5-39　最终效果

 本章总结

　　绘画创作的过程，包括以临摹为主的基础训练、对创作素材的收集和整理、画面构图的分析、色调的把握以及画面的关键内容和精神气质的细节处理等几个方面，创作者需要厚积薄发才能融会贯通，出色地表现创作主题。艺术来源于生活，创作者应该在生活中不断地发现、观察和思考，从生活中积累灵感和创意。软件只是绘画创作的工具，提供了取得成功的契机，并不能替代整个创作活动，创作者还需要付出创造性的劳动，经过长期而刻苦的练习才能创作出优秀的作品。

 实战练习

　　设定一个主题，完成一幅创作。如襁褓中的婴儿、穿红裙的小女孩、我的父母、耄耋老人等，除了要求画出人物的精神面貌和皮肤、服装、道具等的质感外，还要求通过不同颜色的调整、不同背景的改变，表现不同的作品立意和人物状态等。

参考文献

[1] 杨媛.Painter绘画技法.上海：上海交通大学出版，2013.

[2] 袁媛.Painter 12绘画实战技法.北京：人民邮电出版社，2012.

[3] 李光辉.Painter 12中文版标准教程.北京：人民邮电出版社，2011.

[4] 周建国.Painter绘画实例教程.北京：人民邮电出版社，2015.

[5] （韩）石正贤.实战Painter 9绘画技法.李红姬等译.北京：人民邮电出版社，2010.

[6] 尹小港.Painter 2015标准教程.北京：海洋出版社，2016.